分子太赫兹光谱
激励与感测

武京治　王艳红 ◎ 著

U0234744

TERAHERTZ SPECTROSCOPY

FOR MOLECULAR

EXCITATION AND DETECTION

北京理工大学出版社
BEIJING INSTITUTE OF TECHNOLOGY PRESS

图书在版编目（CIP）数据

分子太赫兹光谱激励与感测／武京治，王艳红著
. -- 北京：北京理工大学出版社，2024.3
ISBN 978 - 7 - 5763 - 3756 - 3

Ⅰ.①分… Ⅱ.①武… ②王… Ⅲ.①电磁辐射-光
谱-研究 Ⅳ.①O441.4

中国国家版本馆 CIP 数据核字（2024）第 067024 号

责任编辑：徐 宁 **文案编辑：**李丁一
责任校对：周瑞红 **责任印制：**李志强

出版发行／北京理工大学出版社有限责任公司
社 址／北京市丰台区四合庄路 6 号
邮 编／100070
电 话／（010）68944439（学术售后服务热线）
网 址／http：//www.bitpress.com.cn

版 印 次／2024 年 3 月第 1 版第 1 次印刷
印 刷／廊坊市印艺阁数字科技有限公司
开 本／710 mm×1000 mm 1/16
印 张／12.5
字 数／238 千字
定 价／68.00 元

前　　言

太赫兹是介于红外和微波之间的电磁辐射频率。大多数生物大分子的振动和旋转频率都在太赫兹频段内。由于太赫兹波具有很强的生物分辨能力，因此，利用太赫兹技术可以在生物组织、细胞和生物大分子三种不同层次的领域开展检测研究，有望在生物医学领域发挥重要作用。其中，单生物分子太赫兹光谱测量技术将为揭示生物分子结构和功能提供必要的技术手段。

本书以分子太赫兹振动为中心，介绍生物分子太赫兹振动测量所涉及的基本理论、测量原理、方法以及技术特点等。重点讨论单生物分子振动的理论和实验测量方法，突出近年来单分子光学测量技术上的最新科研成果以及相关领域的发展态势。

全书共5章，第1章介绍生物分子太赫兹光谱，讨论水溶液对分子振动的影响；第2章介绍太赫兹波的产生和测量，重点讨论激光拍频产生太赫兹场；第3章讨论太赫兹波导以及转换接口设计；第4章讨论单生物分子太赫兹振动的光学测量原理和试验；第5章介绍生物分子太赫兹光谱的应用。本书可作为高等院校光信息科学与技术、生物医学工程、光学工程、仪器仪表等专业本科生、研究生的参考书，也可供从事相关专业的科研技术人员阅读。

本书由武京治博士和王艳红教授编著。本书还包含研究小组近年来多项科研项目的研究成果。在编写的过程中，编者参阅了大量的国内外文献，特别是部分同学研究成果的加入使本书内容更加丰富，在此深表感谢。在此特别感谢陈庆、李香宇等同学为书稿整理提供的协助。同时，感谢北京理工大学出版社的热情帮助及辛勤的工作。

由于作者水平有限，书中难免存在谬误，恳请读者批评指正。

作　者

目　录

第 1 章
生物分子太赫兹光谱

太赫兹(Terahertz，THz)波通常是指频率范围为 0.1 ~ 10 THz 的电磁波。生物大分子相互作用是重大生命现象与病变产生的根本原因，而太赫兹光子的能量覆盖了生物大分子空间构象变化的能级范围。生物组织中的蛋白质、DNA、RNA、脂类、糖类等生物大分子的骨架振动、转动以及分子之间弱相互作用(氢键等)位于太赫兹频段范围内，太赫兹波与这些生物大分子作用并产生共振，因此生物分子的特征共振吸收或散射峰可用于检测其结构微小变化，为揭示生物分子结构和功能提供新方法。

生物分子需要在水溶液中发挥活性和功能，然而水是极性液体，在太赫兹频率范围内有较高的能量吸收。本章介绍生物分子太赫兹振动的基本原理，讨论水对太赫兹波的影响，并简要介绍分子动力学仿真在分子振动研究中的应用。

1.1　生物分子的振动

生物分子可体现出不同空间和时间尺度的振动特征，包括只涉及分子内少数键的持续数十秒到数百飞秒(Femtoseconds，fs)的振动，以及整个分子全局的相对运动，这类运动时间可持续皮秒到微秒。

1.1.1 分子的能量

分子的运动可分为移动、转动、振动和分子内的电子运动，每种运动状态都处于一定的能级，因而分子的总能量可表示为

$$E = E_0 + E_t + E_r + E_v + E_e \qquad (1-1)$$

式中：E_0 为分子内在的能量，不随分子运动而改变；E_t、E_r、E_v 和 E_e 分别为分子移动、转动、振动和电子能量。

由于 E_t 是分子或原子从空间的一个位置移向另一个位置时所具有的能量，所以其大小与动能方程一致。动能方程为 $E_t = \dfrac{1}{2}mv^2$。其中，v 为振动频率；m 为原子质量。因 v 与温度变化直接相关，所以 E_t 是温度的函数。与分子光谱有关的能量主要是 E_r、E_v 和 E_e，每种能量都是量子化的，且能级间隔各不相同。其中，电子能级的间隔最大，为 $\Delta E = 1 \sim 20$ eV；振动能级跃迁吸收的能量能级间隔 $\Delta E = 0.05 \sim 1.0$ eV，分子转动能级间隔 $\Delta E < 0.05$ eV。

红外光谱又称为分子的转动—振动光谱。中红外光波波长的能量恰在分子振动能级的间隔范围，因而中红外光谱属于振动光谱；远红外或微波波长的能量位于分子转动能级间隔，所以远红外或微波光谱又称为分子转动光谱；电子跃迁的能级间隔位于可见光或紫外光波长能量范围。

1.1.2 分子振动模型

1. 双原子分子振动的谐振模型

对于由两个原子构成的简单分子，可用双原子分子振动的经典力学谐振子模型来处理，把两个原子看作由弹簧连接的两个质点。如图 1.1 所示，双原子分子的振动方式就是在两个原子的键轴方向上做简谐振动。

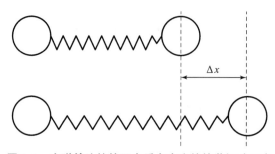

图 1.1　由弹簧连接的两个质点产生的简谐振动示意

按照经典力学，简谐振动服从胡克定律，即振动时恢复到平衡位置的力 F 与位移 Δx 成正比，力的方向与位移方向相反，用公式表示为

$$F = -k\Delta x \tag{1-2}$$

式中：k 为弹簧力常数，对分子来说，就是化学键力常数。

根据牛顿第二定律，有

$$F = ma = m\frac{\mathrm{d}^2 x}{\mathrm{d}t^2} \tag{1-3}$$

$$m\frac{\mathrm{d}^2 x}{\mathrm{d}t^2} = -kx \tag{1-4}$$

$$x = A\cos(2\pi vt + \varphi) \tag{1-5}$$

式中：m 为原子质量；a 为加速度；A 为振幅（x 的最大值）；v 为振动频率；t 为时间；φ 为相位常数。联立式(1-3)~式(1-5)可得

$$v = \frac{1}{2\pi}\sqrt{\frac{k}{m}} \tag{1-6}$$

用波数表示时，$\sigma = \frac{1}{2\pi c}\sqrt{\frac{k}{m}}$。其中，$c = 2.998 \times 10^8 \text{ m/s}$，为光速。

对原子质量分别为 m_1、m_2 的双原子分子来说，用折合质量 $\mu = \frac{m_1 \cdot m_2}{m_1 + m_2}$ 代替 m，则

$$\sigma = \frac{1}{2\pi c}\sqrt{\frac{k}{\mu}} = 1\,307\sqrt{\frac{k}{\mu}} \tag{1-7}$$

双原子分子的振动频率可用式(1-7)计算，化学键越强，相对原子质量越小，振动频率就越高。

2. 基频和倍频

分子的振动能量与振动能级 n 之间的关系为 $E(n) = \left(n + \frac{1}{2}\right)hv$。其中，$h$ 为普朗克常数。在常温下，分子通常处于 $n = 0$ 的振动能级，如果分子能够吸收辐射跃迁到较高的能级，则吸收辐射的 $\sigma_{吸收}$ 为

$$\sigma_{吸收 \atop 0 \to 1} = \frac{E(1) - E(0)}{hc} \tag{1-8}$$

$$\sigma_{吸收 \atop 0 \to 2} = \frac{E(2) - E(0)}{hc} \tag{1-9}$$

$$\sigma_{吸收 \atop 0 \to 3} = \frac{E(3) - E(0)}{hc} \tag{1-10}$$

由 $n = 0$ 跃迁到 $n = 1$ 产生的吸收谱带称为基本谱带或基频；由 $n = 0$ 跃迁到 $n = 2$、$n = 3$ 等产生的吸收谱带分别称为第一、第二等倍频谱带。

3. 多原子分子的振动

多原子分子的振动比双原子分子的振动要复杂得多。双原子分子只有一种振动方式，而多原子分子随着原子数目的增加，其振动方式也越复杂。例如，与双原子分子一样，多原子分子的振动也可看作许多被弹簧连接起来的小球构成体系的振动。如果把每个原子看作一个质点，则多原子分子的振动就是一个质点组的振动。对于一个有 n 个原子的分子，需要 $3n$ 个坐标确定所有原子的位置，并有 $3n$ 个自由度。但是，因为这些原子是由化学键构成的一个整体，有 3 个平动自由度和 3 个转动自由度，因此，n 个原子组成的分子(非线性分子)有 $3n-6$ 个自由度，每个振动自由度相对应于一个基本振动，共有 $3n-6$ 个基本振动，这些基本振动称为分子的简正振动。

简正振动的特点是，分子质心在振动过程中保持不变，所有的原子都在同一瞬间通过各自的平衡位置。每个简正振动代表一种振动方式，由其特征振动频率表征。例如，水分子由 3 个原子组成，共有 3 个简正振动。其振动方式如图 1.2 所示。

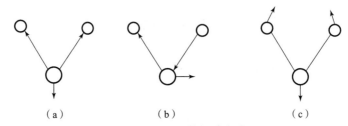

（a）　　　　　　　　　（b）　　　　　　　　　（c）

图 1.2　水分子的振动方式

(a)对称伸缩振动($3\,652$ cm^{-1})；(b)反对称伸缩振动($3\,756$ cm^{-1})；

(c)面弯曲振动($1\,596$ cm^{-1})

第一种振动方式[见图 1.2(a)]：当两个氢原子沿键轴方向做对称伸缩振动时，氧原子的振动恰与两个氢原子的振动方向的矢量和大小相等、方向相反，这种振动称为对称伸缩振动；如果一个氢原子沿着键轴方向做收缩振动，那么另一个就做伸展振动。第二种振动方式[见图 1.2(b)]：氧原子的振动方向和振幅也是两个氢原子的振动矢量和，这种振动称为反对称伸缩振动。第三种振动方式[见图 1.2(c)]：两个氢原子在同一个平面内彼此相向弯曲，这种振动方式称为剪式振动或面内弯曲振动。

4. 分子的基本振动类型

复杂分子的简正振动方式虽然很复杂，但主要可分为两大类，即伸缩振动和弯曲振动。伸缩振动是指原子沿着键轴方向伸缩使键长发生变化的振动。按对称性的不同，伸缩振动可分为对称伸缩振动和反对称伸缩振动。前者在振动时各键同时伸长或缩短；后者在振动时，一些键伸长，另外的键则缩短。弯曲振动又叫变形振动，一般是指键角发生变化的振动。弯曲振动又可分为面内弯曲振动和面外弯曲振动。其中，面内弯曲振动的振动方向位于分子的平面内；而面外弯曲振动则是指垂直于分子平面方向上的振动。

面内弯曲振动又分为剪式振动和平面内摇摆振动。其中，两个原子在同一个平面内彼此相向弯曲叫作剪式振动；若键角不发生变化，只是作为一个整体在分子的平面内摇摆，即平面内摇摆振动。面内弯曲振动有两种：一种是扭曲振动，振动时基团离开纸面，方向相反地扭动；另一种是非平面内摇摆振动，振动时基团作为整体在垂直于分子对称面摇摆，基团键角不发生变化。图 1.3 中，以分子中的甲基、次甲基以及苯环为例，说明了各种振动方式的特点。

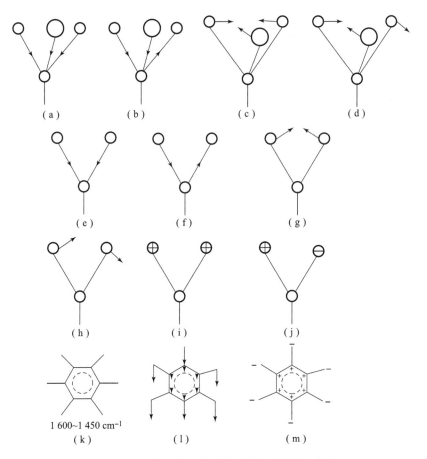

图 1.3　甲基、次甲基、苯环的振动方式示意

(a)CH_3 对称伸缩；(b)CH_3 反对称伸缩；(c)CH_3 对称弯曲；(d)CH_3 反对称弯曲；
(e)CH_2 对称伸缩；(f)CH_2 反对称伸缩；(g)CH_2 面内弯曲(剪式)；(h)CH_2 平面摇摆；(i)CH_2 非平面摇摆；(j)CH_2 面内弯曲(卷曲)；(k)C—C 骨架；(l)C—H 面内弯曲；(m)C—H 面外弯曲

5. 分子振动的辐射吸收

分子的每一个简正振动对应于一定的振动频率，在光谱中就可能出现该频率的谱带。但是并不是每一种振动都对应有一条吸收谱带。只有在振动过程中，偶极矩发生变化的振动方式才能吸收红外辐射，从而在红外光谱中出现吸收谱带。这种振动方式称为红外活性的；反之，在振动过程中，偶极矩不发生改变的振动方式是红外非活性的，虽有振动但不能吸收红外辐射。

已知分子在振动过程中，原子间的距离（键长）或夹角（键角）会发生变化，这时可能引起分子偶极矩的变化，结果产生了一个稳定的交变电场，它的频率等于振动的频率，这个稳定的交变电场将和运动的具有相同频率的电磁辐射电场相互作用，从而吸收辐射能量，产生红外光谱的吸收。例如，对于一个极性的双原子分子就有这种现象产生。而对于一个非极性的双原子分子，如 N_2 和 O_2 分子，它们虽然也会有振动，但由于在振动中没有偶极矩变化，也就不会产生交变的偶极电场，这种振动不会和红外辐射发生相互作用，分子也没有红外吸收光谱。

如果是多原子分子，尤其是分子具有一定的对称性，除了上述的振动简并外，还会有些振动没有偶极矩的变化。在 CO_2 的振动中，对称伸缩运动不伴随偶极矩的变化，因而不会产生红外辐射的吸收。所以，CO_2 在红外吸收光谱中，就只有 $2\,349\ cm^{-1}$ 和 $667\ cm^{-1}$ 两个基频振动，它们是红外活性的。例如，SiO_2 中应当有 9 个基本振动，但真正属于红外活性的只有两个振动：一是不对称伸缩振动（$1\,050\ cm^{-1}$）；二是弯曲振动（$650\ cm^{-1}$）。当吸收的红外辐射与其能级间的跃迁相当时才产生吸收谱带。

6. 分子的拉曼散射光谱

对于振幅矢量为 E，角频率为 ω_0 的入射光，可以表示为

$$E = E_0 \cos(\omega_0 t) \tag{1-11}$$

分子受到该入射光电场作用时，将感应产生电偶极矩 P。一级近似下，P 与 E 的关系可写成

$$P = AE \tag{1-12}$$

在大多数情况下，P 与 E 不在一个方向上，A 可表示为

$$A = \begin{pmatrix} \alpha_{xx} & \alpha_{xy} & \alpha_{xz} \\ \alpha_{yx} & \alpha_{yy} & \alpha_{yz} \\ \alpha_{zx} & \alpha_{zy} & \alpha_{zz} \end{pmatrix} \tag{1-13}$$

式中：A 是一个二阶张量，称为极化率张量，它与分子结构及其对称性有关。

当分子振动时，随着原子核之间相对位置的变化，分子的极化率也会发生变化。因此，分子的极化率张量 A 是描述分子振动的简正坐标 q 的函数：

$$A = A(q_1, q_2, \cdots, q_i, \cdots, q_{(3n-6)}) \tag{1-14}$$

根据泰勒定理，将 A 在平衡位置附近展开，分量 α_{ij} 的展开式为

$$\alpha_{ij} = (\alpha_{ij})_0 + \sum_{k=1}^{3n-6} \left(\frac{\partial \alpha_{ij}}{\partial q_k}\right)_0 q_k + \frac{1}{2} \sum_{k,l} \left(\frac{\partial^2 \alpha_{ij}}{\partial q_k \partial q_l}\right)_0 q_k q_l + \cdots \tag{1-15}$$

式中：$(\alpha_{ij})_0$ 表示分子处于平衡位置时的该极化率分量的值；$\left(\frac{\partial \alpha_{ij}}{\partial q_k}\right)_0$ 表示极化率分量受频率为 ω_k 的简正振动影响的大小；右下角的角标"0"是指当分子在平衡位置时的偏微商值，求和遍及所有简正振动。

由式(1-3)和式(1-15)可得极化率张量：

$$\begin{aligned}
A = A_0 &+ \sum_{k=1}^{3n-6} \left(\frac{\partial A}{\partial q_k}\right)_0 Q_k \cos(\omega_k t + \varphi_k) + \\
&\frac{1}{2} \sum \left(\frac{\partial^2 A}{\partial q_k \partial q_l}\right)_0 Q_k Q_l \cos(\omega_k t + \varphi_k) \cos(\omega_l t + \varphi_l) + \cdots
\end{aligned} \tag{1-16}$$

由式(1-16)可知，对于不同频率的简正振动来说，分子的极化率将发生不同的变化。光的拉曼散射就是由分子的极化率的变化所引起的，可得分子的偶极矩随时间的变化为

$$\begin{aligned}
P = AE &= A_0 E_0 \cos \omega_0 t + \sum_{k=1}^{3n-6} \left(\frac{\partial A}{\partial q_k}\right)_0 Q_k \cos(\omega_k t + \varphi_k) \cos(\omega_0 t) E_0 + \\
&\frac{1}{2} \sum_{k,l} \left(\frac{\partial^2 A}{\partial q_k \partial q_l}\right)_0 Q_k Q_l \{\cdots\} E_0 + \cdots \\
&= A_0 E_0 \cos \omega_0 t + \frac{1}{2} \sum_{k=1}^{3n-6} \left(\frac{\partial A}{\partial q_k}\right)_0 Q_k \cos\left[(\omega_0 \pm \omega_k)t \pm \varphi_k\right] E_0 + \\
&\frac{1}{2} \sum_{k,l} \left(\frac{\partial^2 A}{\partial q_k \partial q_l}\right)_0 Q_k Q_l \{\cdots\} E_0 + \cdots
\end{aligned} \tag{1-17}$$

式(1-17)表明，分子偶极矩的振动是一系列不同频率的振动的组合。等号右侧第一项表示频率为 ω_0 的偶极矩振动，将产生相应频率的光辐射，通常称之为瑞利散射光；等号右侧第二项中的振动因子 $\cos[(\omega_0 \pm \omega_k)t \pm \varphi_k]$ 表明在分子的散射光中还存在频率为 $\omega_0 \pm \omega_k$ 的光辐射，其频率与入射光的频率 ω_0 有关，且受散射分子的简正振动频率 ω_k 的影响。这种散射光就是拉曼散射光。该项中的求和号表明拉曼散射光一共可以有对称的 $3n-6$ 种频率，即 $\omega_0 \pm \omega_1$，$\omega_0 \pm \omega_2$，$\cdots$，$\omega_0 \pm \omega_k$，$\cdots$，$\omega_0 \pm \omega_{3n-6}$。但是，由频率项前的因子 $\left(\frac{\partial A}{\partial q_k}\right)_0$ 表明，频率为 $\omega_0 \pm \omega_k$ 的拉曼散射光是否存在取决于极化率张量各分量 a_{ij} 对 q_k 的偏微商是否全为零。只要有一个分量的偏微商不为零，即 $\left(\frac{\partial \alpha_{ij}}{\partial q_k}\right)_0 \neq 0$，且频率为 ω_k 的简正振动使分子

极化率的一个分量发生了变化，就有频率为 $\omega_0 \pm \omega_k$ 的拉曼散射光出现。因此，拉曼散射光谱是与能引起极化率发生变化的分子振动相对应的。当频率为 ω_0 的光被分子散射时，可能产生与分子固有简正振动频率（ω_1，ω_2，$\cdots$，ω_k，$\cdots$，ω_{3n-6}）相对应的一系列频率为（$\omega_0 \pm \omega_1$），（$\omega_0 \pm \omega_2$），$\cdots$，（$\omega_0 \pm \omega_k$），$\cdots$，（$\omega_0 \pm \omega_{3n-6}$）的拉曼散射谱线。只有能引起分子极化率变化的简正振动，才产生相应的拉曼散射谱线。但是，拉曼散射谱线的强度需要运用量子理论来解释。

在量子理论中，频率为 ω_0 的单色光可看作具有能量 $\hbar\omega_0$ 的光子，而光的散射是由于入射光子和散射物分子发生碰撞以后，改变传播方向而形成的。当光子和分子发生非弹性碰撞时，光子不仅改变运动方向，而且和物质分子有能量交换。与此同时，分子能量状态发生了跃迁，这种非弹性碰撞过程导致拉曼散射光的产生。图 1.4 是光散射机制的半经典解释的一个形象表述，图中 E_i、E_j 分别表示分子的两个振动能级，虚线表示入射光子和散射光子的能量。处于初态 E_i（或 E_j）的分子与频率为 ω_0 的入射光子发生碰撞，分子经受激虚态回到末态 E_j（或 E_i），同时辐射频率为 ω 的散射光。如果初、末态为同一个能级，即光子和物质分子发生的碰撞为弹性碰撞，产生的散射为瑞利散射，出射光子频率依然为 ω_0［见图 1.4(b)］。如果初、末态能级不相同，产生的散射就为拉曼散射。当初态能级 E_i 低于末态能级 E_j 时，产生斯托克斯（Stokes）拉曼散射，出射光子频率为 $\omega_0 - \omega_{ij}$［见图 1.4(a)］。其中，$\omega_{ij} = (E_j - E_i)/\hbar$。而当初态能级 E_j 高于末态能级 E_i 时，产生反斯托克斯拉曼散射，出射光子频率为 $\omega_0 + \omega_{ij}$［见图 1.4(c)］。由此可见，拉曼散射的频移是一定的，取决于散射物质本身的性质，而不随入射光频率的变化而变化。

根据统计分布规律，热平衡时，分子按玻耳兹曼分布 $N \propto N_0 \exp(-E/kT)$ 布居在各能级上。其中，k 为玻尔兹曼常数，即较高能级上的分子数比低能级上的分子数要少。因此，拉曼散射中的反斯托克斯谱线比斯托克斯谱线强度小。随着温度的逐渐升高，反斯托克斯谱线逐渐增强。

红外吸收光谱和拉曼光谱两种实验现象虽然都是入射光与分子相互作用的结果，但发生的机制不同。红外吸收光谱是由分子的固有电偶极矩的变化引起的，其吸收强度正比于电偶极跃迁矩阵元的平方。可参与红外吸收过程的简正振动模被称为是红外活性的。拉曼光谱是由分子的感应电偶

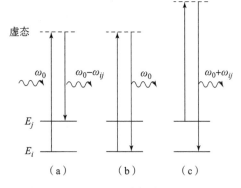

图 1.4　光散射机制的半经典解释

极矩的变化引起的，强度正比于极化率张量矩阵元对简正坐标偏微商的平方。使极化率张量矩阵元的偏微商不为零的简正振动模被称为拉曼活性的。

1.1.3　纳米颗粒振动的理论计算

不同材料且形状简单的纳米颗粒（如纳米球等）被广泛应用于各种生物分子的研究中。类似于分子的振动，纳米颗粒也存在本征振动模式，其振动频率可通过建立固体力学模型来计算。

1. 理论计算

（1）弹性球体。根据 Lamb 理论计算自由空间中均匀弹性球体的本征频率：

$$\omega = \frac{\tau v_{\mathrm{L}}}{a} \tag{1-18}$$

式中：a 为粒子半径；τ 为特征方程 $\tau \cot \tau = 1 - \tau^2/4\kappa^2$ 的最小正根；$\kappa = v_{\mathrm{T}}/v_{\mathrm{L}}$，为材料中横向声速与纵向声速之比。

（2）核壳结构弹性球体。在多数情况下，纳米粒子被合成为核壳结构，采用相同的模型计算核壳纳米粒子的振动频率，以更好地表征粒子的机械性能。

假设核和壳都由均质、各向同性、线弹性材料组成，且均建模为连续体，则径向振荡形式可表示为

$$u(r, t) = U(r) \exp(\mathrm{i}\omega t) \tag{1-19}$$

式中：u 为球体的径向位移；r 为距离球体中心的径向距离；ω 为径向频率；t 为时间。

在均质介质中，函数 U 满足

$$\frac{\mathrm{d}^2 U}{\mathrm{d}r^2} + \frac{2}{r}\frac{\mathrm{d}U}{\mathrm{d}r} - \frac{2}{r^2}U + h^2 U = 0 \tag{1-20}$$

式中：$h = \omega/v_{\mathrm{L}}$，$v_{\mathrm{L}}$ 为材料中的纵向声速。

用式（1-20）分别计算核和壳中的位移，其表达式为

$$U_{\mathrm{core}}(r) = A\left[\frac{\cos(h_{\mathrm{core}}r)}{h_{\mathrm{core}}r} - \frac{\sin(h_{\mathrm{core}}r)}{(h_{\mathrm{core}}r)^2}\right] \tag{1-21}$$

$$U_{\mathrm{shell}}(r) = B\left[\frac{\cos(h_{\mathrm{shell}}r)}{(h_{\mathrm{shell}}r)^2} + \frac{\sin(h_{\mathrm{shell}}r)}{h_{\mathrm{shell}}r}\right] + C\left[\frac{\cos(h_{\mathrm{shell}}r)}{h_{\mathrm{shell}}r} + \frac{\sin(h_{\mathrm{shell}}r)}{(h_{\mathrm{shell}}r)^2}\right] \tag{1-22}$$

式中：A、B 和 C 为待确定的常数；$h_{\mathrm{core}} = \dfrac{\omega}{v_{\mathrm{L_{core}}}}$；$h_{\mathrm{shell}} = \dfrac{\omega}{v_{\mathrm{L_{shell}}}}$。

在核壳界面和外壳表面应用适当的边界条件。位移和法向应力在核壳界面处必须是连续的，在外壳表面处法向应力为零，边界条件为

$$[U_{core} = U_{shell}]_r = a_{core} \tag{1-23}$$

$$\left\{\frac{dU_{core}}{dr} + 2(1 - 2\kappa_{core}^2)\frac{U_{core}}{r} = \lambda\left[\frac{dU_{shell}}{dr} + 2(1 - 2\kappa_{shell}^2)\frac{U_{shell}}{r}\right]\right\}_r = a_{core} \tag{1-24}$$

$$\left[\frac{dU_{shell}}{dr} + 2(1 - 2\kappa_{shell}^2)\frac{U_{shell}}{r}\right]_{r=a_{core}} + \Delta = 0 \tag{1-25}$$

式中：$\kappa_{shell} = \frac{v_T}{v_L}$；$\lambda = \frac{\rho_{shell}v_{L_{shell}}^2}{\rho_{core}v_{L_{core}}^2}$，$\rho$ 为材料密度。

将式（1-21）和式（1-22）代入式（1-25），得到频率的特征值方程。当 $\Delta/a_{core} = 0$ 或 $\Delta/a_{core} = \infty$ 时，得到一个均匀球体，因此得到的特征频率与式（1-18）一致。此外，当核厚度 Δ 与核半径 a_{core} 相比较大或较小时，可以对特征值方程进行渐进展开来获得明确的解析公式，得到自然共振频率为

$$\omega = \frac{v_{L_{core}}\tau_{core}}{a_{core}}\left\{1 - A_{core}\left(\frac{\Delta}{a_{core}}\right) + o\left[\left(\frac{\Delta}{a_{core}}\right)^2\right]\right\}, \quad \frac{\Delta}{a_{core}} \ll 1 \tag{1-26}$$

$$\omega = \frac{v_{L_{shell}}\tau_{shell}}{a_{core}+\Delta}\left\{1 + A_{shell}\left(\frac{a_{core}}{a_{core}+\Delta}\right)^3 + o\left[\left(\frac{a_{core}}{a_{core}+\Delta}\right)^4\right]\right\}, \quad \frac{\Delta}{a_{core}} \gg 1 \tag{1-27}$$

其中

$$A_{core} = \frac{16\kappa_{shell}^4 - 12\kappa_{shell}^2 + \left(\frac{v_{L_{core}}}{v_{L_{shell}}}\right)^2\tau_{core}^2}{16\kappa_{core}^4 - 12\kappa_{core}^2 + \tau_{core}^2}\lambda \tag{1-28}$$

$$A_{shell} = \frac{16(1+\tau_{shell}^2)\kappa_{shell}^4 - 8\kappa_{shell}^2\tau_{shell}^2 + \tau_{shell}^4}{3(16\kappa_{shell}^4 - 12\kappa_{shell}^2 + \tau_{shell}^2)} \times \frac{3 - 4\kappa_{core}^2 - \lambda(3 - 4\kappa_{shell}^2)}{3 - 4\kappa_{core}^2 + 4\lambda\kappa_{shell}^2} \tag{1-29}$$

同时，τ 满足齐次特征值方程

$$\tau\cot\tau = 1 - \frac{\tau^2}{4\kappa^2} \tag{1-30}$$

2. 模态仿真

使用 COMSOL 固体力学模块计算粒子的特征频率，通过添加不同材料来研究不同材料粒子的振动特征频率以及不同频率下粒子的振动模态。

模拟所使用的材料参数如表 1.1 所示。

表 1.1　模拟所使用的材料参数

材料	半径 a/nm	横向声速 v_T/(m·s⁻¹)	纵向声速 v_L/(m·s⁻¹)
Au		1 200	3 240
Ag	3 nm	1 610	3 650
PS		1 120	2 350

通过 Lamb 理论计算得到不同振动模式下的频率的理论值、仿真得到的频率值以及对应的模态图如图 1.5 ~ 图 1.7 所示。从图 1.5 中可以看出，对于 6 nm 的金粒子，其一阶到三阶的振动频率可达到 350 ~ 780 GHz：一阶振动时，振动频率为 357.06 GHz（理论值为 366.91 GHz）；二阶振动时，振动频率为 571.86GHz（理论值为 579.01 GHz）；三阶振动时，振动频率为 772.72 GHz（理论值为 785.4 GHz）。

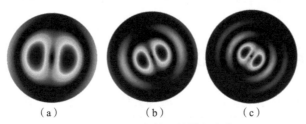

（a）　　　　　　　（b）　　　　　　　（c）

图 1.5　6 nm 金粒子的模态仿真

从图 1.6 中可以看出，对于 6 nm 的银粒子，其一阶到三阶的振动频率可达到 0.5 ~ 1 THz：一阶振动时，振动频率为 514.01 GHz（理论值为 492.28 GHz）；二阶振动时，振动频率为 777.74 GHz（理论值为 776.83 GHz）；三阶振动时，振动频率为 1 047.9 GHz（理论值为 1 052.5 GHz）。

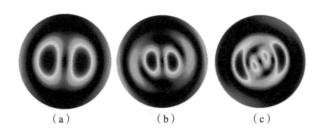

（a）　　　　　　　（b）　　　　　　　（c）

图 1.6　6 nm 银粒子的模态仿真

如图 1.7 所示，对于 6 nm 聚苯乙烯（Polystyrene，PS）小球，其一阶到三阶的振动频率可达到 350 ~ 750 GHz；一阶振动时，振动频率为 340.77 GHz(理论值为 342.45 GHz)；二阶振动时，振动频率为 538.78 GHz(理论值为 540.41 GHz)；三阶振动时，振动频率为 733.49 GHz(理论值为 732.2 GHz)。

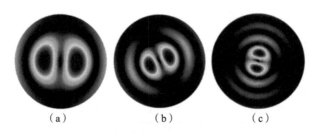

（a）　　　　　　（b）　　　　　　（c）

图 1.7　6 nm PS 粒子的模态仿真

由上述内容可以看出，对于 6 nm 的不同材料的小球，仿真值与理论计算值十分接近，且要想获得更高频率的振动，需要更高阶的谐波来进行激励，而高阶谐波不容易产生。

1.1.4　生物分子太赫兹光谱

分子振动光谱在研究蛋白质、核酸和其他生物分子的组成、结构和性质方面发挥着重要作用。太赫兹介于毫米波和红外波之间，属于远红外区域。该频段的振动光谱主要基于分子空间结构以及分子间和分子内的相互作用。生物分子在太赫兹波中的振动频率与集体振动和结构形变有关。太赫兹光谱如图 1.8 所示。

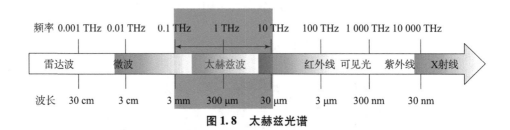

图 1.8　太赫兹光谱

从能量的角度来看，分子的弱相互作用(如氢键、范德华力)、大分子骨架振动弯曲、晶格中的低频振动对应的是太赫兹频率。太赫兹光谱可以显示分子的三维排列及其在低频下的特征吸收。生物分子骨架弯曲振动和集体振动模式的构型与其结构和构象高度相关，可以通过分析这些被吸收或发射的光子的频率、强度和极化状态来了解生物分子的结构、构象、运动和相互作用。在太赫兹光谱中，伸缩振动通常在 1 ~ 20 THz 的频率范围内吸收或发射光子。不同类型的化学键具有不同的吸收频率，因此通过观察吸收峰的位置和强度，可以确定分子中不同类型的化学键的存在和数量。此外，伸缩振动的强度也可以提供关于分子的浓度和摩尔质量的信息。弯曲振动和扭曲振动在太赫兹频率范围内的吸收相对较弱，通常需要更高灵敏度的检测技术才能观察到。下面介绍几种常见的生物分子太赫兹谱的特点。

1. 核酸、核苷酸

核酸是由通过磷脂键连接的核苷酸线性聚合物，是所有已知生命形式必不可少的组成物质，是所有生物分子中最重要的物质，广泛存在于所有动植物细胞、微生物体内。检测核酸分子的无标记方法有很多，如比色法、微波共振吸收法、光学传感器和电化学法等，然而无标记技术的发展还不足以取代荧光标记方法。由于与核酸结构相关的振动能级和旋转能级在太赫兹范围内，因此太赫兹波是识别和分析核酸合成和分解代谢过程中物理和化学过程的潜在工具。核酸的太赫兹光谱可以反映它们分子间的集体振动、晶格振动和核酸分子的构型特征，集体振动模式由分子构型和空间构象决定。四种碱基节点性质的差异归因于氢键的分子间振动，一个氢键的弯曲会影响另一个氢键的扭转。图 1.9 为四种嘌呤的分子结

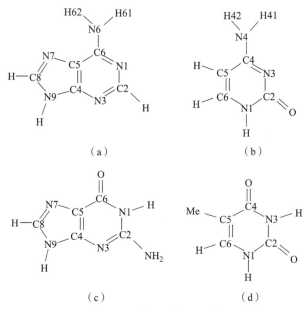

图 1.9　四种嘌呤的分子结构

(a)腺嘌呤(adenlne)；(b)胞嘧啶(cytosine)；(c)鸟嘌呤(guanine)；
(d)胸腺嘧啶(thymine)

构，利用太赫兹时域系统测量四种核苷酸（腺嘌呤、胞嘧啶、鸟嘌呤和胸腺嘧啶），结果显示，这四种碱基在 3 THz 附近都具有吸收峰。通过密度泛函理论分析该频段的振动模式属于集体振动模式。

太赫兹光谱可以用作检测 DNA 组分和结构的工具，单链 DNA 和双链 DNA 可以通过太赫兹光谱中 14 cm^{-1} 附近的吸收带进行区分，单链 DNA 比双链 DNA 具有更高的吸收和更强的光谱带。2015 年，Fu 和他的团队首次通过太赫兹光谱研究了水溶液中 DNA 分子的点突变，通过太赫兹时域系统测试了四条单链 DNA，且单链 DNA 中只有一种碱基。结果表明，四条单链 DNA 分别在 1.29 THz、1.97 THz、2.20 THz、2.32 THz 和 2.47 THz 处有特征吸收峰。这些吸收峰与突变的碱基直接相关，杂交的 DNA 比变性的 DNA 具有更高的折射率。这项研究初步证明了太赫兹光谱在检测基因点突变方面的光明前景。

2. 蛋白质

蛋白质是组成人体一切细胞、组织的重要成分，基本组成单位是氨基酸。蛋白质的结构基础中含有一系列对太赫兹波敏感的非共价键，如疏水键、氢键和静电力。氨基酸在太赫兹范围内也有共振吸收峰。此外，生物组织中的蛋白质可以通过氢键和水形成水壳结构，这进一步增加了太赫兹波的吸收。太赫兹光谱在蛋白质中的应用可以分为三个主要部分，即分子构象、分子间相互作用和定量检测。蛋白质构象变化直接影响太赫兹频率范围内的介电响应。在 20 世纪 90 年代，太赫兹研究已经应用于蛋白质构象变化和分子间相互作用，如分子振动模式的模拟和牛血清蛋白的太赫兹光谱的测试。

蛋白质的功能和活性在很大程度上取决于特定的结构和空间构象。当蛋白质被太赫兹波激发时，其振动特性会改变，导致吸收光谱发生相应的变化。因此可以通过使用太赫兹光谱检测方法监测蛋白质的动态振动模式。氨基酸具有一个共同的结构模型：R—Cα(H)(NH$_3^+$)—COO$^-$。其中，R 在不同氨基酸中代表不同的侧链。可变侧链在蛋白质的介电和电子性质方面具有重要作用。太赫兹辐射与蛋白质溶液之间的相互作用主要是通过分子转动和振动模式实现的，弱分子间力、骨架变形振动、晶格的低频振动吸收在太赫兹波的不同频率和强度下做出响应，例如，不同氨基酸在太赫兹光谱中有不同的共振峰。太赫兹波不会导致化学共价键的断裂或重建，它可以激发蛋白质的转动能级来改变空间构象，并可能影响蛋白质之间的相互作用。

3. 多糖

多糖是具有复杂分子结构的碳水化合物，由许多单糖分子的缩合和脱水形成。多糖是生物体的重要组成部分，可以提供能量和碳源来维持生命。糖类也表现出明显的太赫兹光谱特征，且含有大量的氢原子和氧原子，形成大量氢键，具有独特的太赫兹吸收光谱。糖的太赫兹吸收光谱与分子间氢键的振动直接相关。马晓菁等对核糖、葡糖糖、α 乳糖水合物和 β 乳糖进行了太赫兹吸收光谱的测试，结果显示，不同糖在测量带中的吸收显著不同；还利用太赫兹时域光谱研究了葡萄糖和乳糖水合物两种结构相似的典型单糖和二糖的太赫兹吸收光谱，研究结果显示，乳糖水合物在 0.53 THz、1.19 THz 和 1.38 THz 处有三个特征吸收峰，而葡萄糖在 1.44 THz 处只有一个吸收峰。这表明，乳糖水合物和葡萄糖呈现出不同的太赫兹指纹吸收特征。

1.1.5　振动谱测量技术

现有技术对生物分子振动谱的测量主要是针对高频频率($300 \sim 5\ 000\ \text{cm}^{-1}$)的测量，如红外光谱技术、拉曼光谱技术和太赫兹时域光谱等。在分子中，组成化学键或官能团的原子处于不断振动的状态，当一束具有连续波长的近红外光照射到样品时，由于样品中某些基团的振动或转动频率与近红外光频率一致，因此该波长的光被吸收，提供分子能级跃迁的能量。中红外($400 \sim 4\ 000\ \text{cm}^{-1}$)和近红外($4\ 000 \sim 12\ 500\ \text{cm}^{-1}$)的振动光谱可以提供有关官能团内分子振动的特定信息，从而导致光谱中与成分相关的特征吸收带。在中红外范围内，波峰更高且分辨率相对较高，而在近红外范围内，吸收峰通常更宽，峰值较弱且波峰之间相互重叠。

太赫兹时域光谱(THz – TDS)已成为研究生物分子远红外振动特性的一种新颖的、非接触的和非破坏性的方法。利用太赫兹时域光谱技术可探测不同生物大分子 $100\ \text{cm}^{-1}$ 内的低频动态指纹图谱，得出不同蛋白质分子的振动能谱分布和各向异性特性。通过测量四种不同蛋白质的振动，发现这些振动可以作为识别蛋白质的振动"指纹"，并在蛋白质与其他分子结合时，振动频率发生变化。分子振动能够驱动蛋白质快速改变形状，调节与其他蛋白质相互作用。利用太赫兹时域光谱技术探测氨基酸等生物分子的低频振动，得到 10 THz 以下的振动模态，并利用计算分子内振动的双分子理论模拟其光谱特性。与试验结果对比，得出氨基酸吸收光谱为分子内原子的集体振动模式。然而太赫兹光谱探测要求在蛋白质结晶状态进行，且无法探测蛋白质单分子在溶液环境下的自由振动状态及水分子偶极子作用的低频振动影响。第 4 章将详细介绍溶液中生物分子的光学探测方法。

1.2 分子动力学仿真

1.2.1 分子动力学建模

分子动力学(Molecular Dynamics，MD)用于模拟、研究分子和宏观物质的运动及相互作用。MD 模拟是基于牛顿力学和统计力学，通过计算原子或分子的受力和受力后的运动，预测物质的结构、稳定性、热力学性质、动力学过程等。MD 模拟是一种基于第一性原理的模拟方法，因此能够提供准确的分子或宏观系统的物理、化学和生物学信息。

MD 模拟是基于牛顿定律，在一定的时间段内通过数值积分的方法，计算出分子系统中各个粒子的位置、速度和受力等物理量的变化。其中，粒子之间的相互作用力主要包括库仑相互作用、范德华相互作用和键能势等。这些力和势能函数是基于量子化学理论和经验参数获得的。在 MD 模拟中，可以通过调整这些势能函数和其他参数来研究不同条件下分子系统的物理、化学和生物学行为。

MD 可用于研究包括气体、液体、固体等在内的各种分子体系，仿真蛋白质、DNA 等生物大分子的构象、稳定性、动力学过程等。在 MD 模拟中，通常需要定义一个边界条件和初值条件来描述分子体系的环境和初始状态。常见的边界条件包括周期性边界条件、壁边界条件和剪切边界条件等。初值条件包括粒子的初始位置和速度，可以通过手动设定或者利用随机数产生。

GROMACS 是一款流行的分子动力学软件，被广泛应用于分子动力学模拟领域。它提供了各种计算和分析功能，可用于研究分子的结构、动力学和相互作用。最初由 Hess 等开发，现在由开源开发团队维护。它可以在 Linux、Windows 和 OS X 等操作系统上运行，并支持多种处理器架构，包括 x86、ARM 和 IBM Blue Gene。GROMACS 针对大规模并行计算进行了优化，具有高效的并行性能和线性可扩展性；支持多种常用的分子力场，包括 AMBER、CHARMM 和 GROMOS 等，支持多种分子动力学模拟类型，包括能量最小化、平衡模拟和非平衡模拟等；能够处理包含数百万原子的系统，并且可以运行在多个微处理器(CPU)和图形处理器(GPU)上，以提高计算效率。

GROMACS 作为一款分子动力学模拟软件，可用于计算蛋白质的光学性质。常用的方法包括线性光学性质(如吸收光谱、圆二色性谱、荧光光谱等)和非线性光学性质(如二次谐波产生、光学旋转率等)。其中，计算线性光学性质通常需要进行量子力学/分子力学(QMMM)计算,即将蛋白质作为经典力学模型,在其周围嵌入量子力学(QM)区域,进行量子力学计算。GROMACS 可以结合量子化学软件(如 Gaussian)进行 QMMM 计算,并通过 TDDFT(含时依赖密度泛函理论)计算吸收光谱和圆二色性谱。此外,GROMACS 还可以使用 AMBER 力场进行分子力学(MM)计算,再通过耦合振荡器模型(Coupled Oscillator Model, COM)和 CD(圆二色)计算荧光光谱。对于非线性光学性质的计算,GROMACS 可以使用二次极化率(二阶非线性极化)计算二次谐波产生效应。此外,GROMACS 还可以计算光学旋转率等性质,从而深入研究蛋白质的光学性质。

GROMACS 模拟蛋白质的一般步骤如下。

(1) 准备蛋白质和溶剂文件:包括蛋白质结构文件(.pdb, .gro, .pdbqt 等)、溶剂拓扑文件(.top)和参数文件(.itp)等。

(2) 建立系统盒子:使用 gmx editconf 命令将蛋白质和溶剂放入盒子中,设定溶剂与盒壁的最小距离。例如:

```
gmx editconf - f protein.pdb - o protein_box.gro - c - d 1.0 -
bt cubic
```

(3) 添加离子:如果需要添加离子以中和系统电荷,可以使用 gmx genion 命令进行添加。例如:

```
 gmx genion - s protein.tpr - o protein _ ions.gro - p
protein.top -pname NA -nname CL -neutral
```

(4) 能量最小化:使用 gmx grompp 命令将蛋白质和溶剂文件打包成一个输入文件,并使用 gmx mdrun 命令进行能量最小化。例如:

```
gmx grompp - f em.mdp - c protein_ions.gro - p protein.top -
o em.tpr
gmx mdrun - v - deffnm em
```

(5) 动力学模拟:使用 gmx grompp 命令将蛋白质和溶剂文件打包成一个输入文件,并使用 gmx mdrun 命令进行动力学模拟。例如:

```
gmx grompp - f nvt.mdp - c em.gro - p protein.top - o nvt.tpr - r
em.gro
gmx mdrun - v - deffnm nvt
gmx grompp - f npt.mdp - c nvt.gro - p protein.top - o npt.tpr -
r nvt.gro
gmx mdrun - v - deffnm npt
```

```
gmx grompp - f md. mdp - c npt. gro - p protein. top - o md. tpr -
t npt. cpt
gmx mdrun - v - deffnm md
```

（6）后处理：使用 gmx trjconv、gmx rms 等命令对模拟结果进行后处理，得到蛋白质的动力学性质。例如：

```
gmx trjconv - s md. tpr - f md. xtc - o protein. pdb - b 1000 - e
10000 - center - ur compact
gmx rms - s md. tpr - f md. xtc - o rmsd. xvg - tu ns
```

以上是一般步骤，具体根据不同的研究问题，可能会有所不同。

1.2.2　蛋白质振动分析方法

在 GROMACS 中，生物分子的构象变化和振动性质可以从以下三个方面来进行直接或者间接的分析。

1. PCA

PCA（Principal Component Analysis，主成分分析）是一种多元统计分析方法，常用于数据降维、数据可视化和数据压缩等领域。

在蛋白质分子动力学模拟中，PCA 可以用于分析蛋白质的结构和动态特性。PCA 的基本思想是找到一组新的坐标系，使得在这个坐标系中，原始数据的方差最大化。在蛋白质分子动力学模拟中，原始数据可以是蛋白质的坐标、速度或者其他性质，通过 PCA 可以将这些数据降维到少数几个主成分，从而更加方便地进行分析和可视化。

（1）PCA 的步骤如下。

①获取数据集：在蛋白质分子动力学模拟中，数据集可以是蛋白质的坐标、速度或者其他性质。

②去均值化：对数据集进行中心化处理，即将每个数据点都减去数据集的均值，以便更好地描述数据之间的差异性。

③计算协方差矩阵：协方差矩阵反映了数据集中每两个变量之间的关系，可以用来度量数据集的方差和协方差。

④计算特征值和特征矢量：通过对协方差矩阵进行特征分解，可以得到一组特征矢量和对应的特征值。特征矢量反映数据集中的主要方向；而特征值反映数据集在每个主要方向上的方差大小。

⑤选择主成分：选择前 k 个特征矢量对应的特征值作为主成分，即将数据集

降维到 k 维。

⑥数据变换：将原始数据集投影到选择的 k 个主成分上，得到降维后的数据集。

⑦分析和可视化：通过对降维后的数据集进行分析和可视化，可以更加方便地理解蛋白质的结构和动态特性。

（2）使用 GROMACS 进行 PCA 的一般步骤如下。

①用 GROMACS 进行分子动力学模拟，得到蛋白质在不同时间点的坐标文件。

②使用 GROMACS 中的 gmx trjconv 命令将坐标文件转换成 .pdb 格式的文件，方便后续处理。例如：

```
gmx trjconv - f traj. xtc - s topol. tpr - o traj. pdb - dump 0
```

其中，traj. xtc 是 MD 仿真的轨迹文件；topol. tpr 是拓扑文件；traj. pdb 是输出的 .pdb 格式文件；- dump 0 表示输出所有的帧。

③使用 GROMACS 中的 gmx editconf 命令将 .pdb 格式的文件转换成 .gro 格式的文件，方便后续处理。例如：

```
gmx editconf - f traj. pdb - o traj. gro
```

其中，traj. pdb 是上一步得到的 .pdb 格式的文件；traj. gro 是输出的 .gro 格式的文件。

④使用 GROMACS 中的 gmx covar 命令计算协方差矩阵，并进行 PCA。例如：

```
gmx covar - f traj. gro - s topol. tpr - o eigenval. xvg - v
eigenvec. trr - av average. pdb
```

其中，traj. gro 是步骤③中得到的 .gro 格式的文件；topol. tpr 是拓扑文件；eigenval. xvg 是输出的 PCA 的特征值文件；eigenvec. trr 是输出的 PCA 的特征矢量文件；average. pdb 是输出的平均结构文件。

⑤使用 GROMACS 中的 gmx anaeig 命令得到 PCA 的结果。例如：

```
gmx anaeig - v eigenvec. trr - f traj. gro - s topol. tpr - first
1 - last 2 - comp
```

其中，eigenvec. trr 是步骤④中得到的 PCA 的特征矢量文件；traj. gro 是 .gro 格式的文件；topol. tpr 是拓扑文件；- first 1 和 - last 2 表示第一个和第二个 PCA 的结果；- comp 表示输出 PCA 的结果和原子的坐标。

在 GROMACS 中，可以使用命令 gmx covar 来进行 PCA。该命令可以用于计算蛋白质模拟轨迹的协方差矩阵，并通过对协方差矩阵进行特征分解来得到特征矢量和特征值，从而实现 PCA；可以通过对特征矢量进行可视化和分析来理解蛋白质的结构和动态特性。

2. NMA

正则模态分析（Normal Mode Analysis，NMA）是一种计算分子振动的方法。它可以提供有关分子结构和功能的信息。在 NMA 中，分子被建模为一系列原子质点，原子之间的化学键以弹性弹簧表示，通过求解相应的牛顿方程，可以得到分子振动的模式和频率。

NMA 可以用于研究分子的稳定性、构象变化、功能等方面。例如，可以通过计算 NMA 模式的矢量、强度和方向来识别与特定功能相关的构象变化。此外，可以使用 NMA 模式来预测分子的光学、光谱、热力学性质等，以及研究分子的力学稳定性。NMA 基于弹性网络模型：首先通过计算分子的 Hessian 矩阵来描述分子的力学特性；然后利用线性代数方法计算分子的振动频率和振动模式。在 GROMACS 中，可以使用 GROMACS Tools（gmx）计算 Hessian 矩阵，并使用 GROMACS Analysis Tools（gmx anaeig）进行 NMA。

计算 Hessian 矩阵的步骤如下。

（1）使用 gmx pdb2gmx 命令生成分子系统的拓扑文件（.top）。

（2）使用 gmx grompp 命令将拓扑文件（.top）和分子坐标文件（.gro）打包成一个 GROMACS 项目文件（.tpr）。

（3）使用 gmx trjconv 命令对轨迹文件进行处理，去除系统的运动中心和角动量等。

（4）使用 gmx hessian 命令计算 Hessian 矩阵。命令中需要指定输入的 .tpr 文件、去除运动中心和角动量后的轨迹文件、输出文件名以及相关的选项。例如：

```
gmx hessian - s topol.tpr - f traj.xtc - o hessian.xvg - n
index.ndx - od eigenvectors.trr - oh eigenvalues.xvg - b 10000
```

其中，-s 选项指定 .tpr 文件；-f 选项指定轨迹文件；-o 选项指定输出 Hessian 矩阵的文件名；-n 选项指定分子的索引文件；-od 选项指定输出特征矢量的轨迹文件名；-oh 选项指定输出特征值的文件名；-b 选项指定去除轨迹前的时间段。

（5）对于大分子系统，Hessian 矩阵通常非常大，难以处理。可以使用一些特殊的方法对 Hessian 矩阵进行简化和分析。

在 GROMACS 中，可以使用 GROMACS 自带的程序 gmx covar 和 gmx anaeig 进行 NMA。其中，gmx covar 用于计算协方差矩阵；gmx anaeig 用于计算特征矢量和特征值，并输出 NMA 模式的信息。使用 NMA 需要一定的计算资源和专业知识以及选择适当的计算参数和分析方法。

3. VDOS 分析

振动态密度（Vibrational Density of States，VDOS）是描述固体、液体或气体中原子、分子振动模式的能量分布的物理量。在分子动力学模拟中，VDOS 通常用于描述分子内振动模式的分布情况，可以通过对模拟过程中原子的振动轨迹进行分析得到。

VDOS 通常用谱函数表示，可以通过傅里叶变换将时域中的原子位移转换到频域中，得到振动频率与模式的分布。通过 VDOS 分析，可以得到分子中不同振动模式的贡献，包括平动、转动、伸缩、弯曲等振动模式的贡献。同时，VDOS 也可以用于计算热容和热导率等热力学性质。

在实际应用中，VDOS 可以通过计算哈密顿矩阵的特征值和特征矢量来得到，也可以通过谱密度法和密度泛函理论等方法来计算。在分子动力学模拟中，常常利用 GROMACS 等分子动力学软件计算 VDOS。

在 GROMACS 中，可以利用速度自相关函数计算 VDOS。操作步骤如下。

（1）进行长时间的分子动力学模拟，一般需要达到平衡状态。可以采用正则系综 NVT 模拟，N 表示具有确定的粒子数、V 表示体积、T 表示温度，控制温度为常数，模拟时间需要达到几个纳秒以上。

（2）从模拟过程中保存的轨迹文件中提取速度信息，可以使用 GROMACS 的 gmx traj 命令进行。例如：

```
gmx traj - f traj.xtc - s topol.tpr - n index.ndx - ox - ov - oav - nojump
```

这个命令将从轨迹文件 traj.xtc 中读取每个原子的速度信息，并输出到文件 traj.trr 中。

（3）计算速度自相关函数，可以使用 GROMACS 的 gmx velacc 命令进行。例如：

```
gmx velacc - f traj.trr - s topol.tpr - n index.ndx - o velacc.xvg
```

这个命令将计算速度自相关函数，并输出到文件 velacc.xvg 中。

（4）将速度自相关函数作傅里叶变换，得到振动态密度。可以使用 GROMACS 的 gmx anaeig 命令进行。例如：

```
gmx anaeig - f velacc.xvg - s topol.tpr - n index.ndx - b 1000 - e 4000 - dim 3
```

这个命令将对速度自相关函数作傅里叶变换，并输出前 3 000 个频率对应的振动态密度到文件 eigenfreq. xvg 中。

（5）对得到的振动态密度进行一定的处理和分析。例如，绘制频率—振动密度图、计算振动态平均能量等。

需要注意的是，计算振动态密度需要足够长的模拟时间，否则得到的结果可能会有很大误差。此外，还需要合理选择傅里叶变换的范围，一般需要排除低频振动和高频噪声的干扰。

1.3 水溶液的影响

由于水溶液中分子之间的相互作用以及水分子的影响，生物分子的太赫兹光谱研究面临着许多挑战。首先，水分子的太赫兹光谱干扰了生物分子的信号。由于水分子在太赫兹频率范围内吸收强度较高，因此在水溶液中进行生物分子的太赫兹光谱研究时需要对水分子的影响进行准确的校正。其次，水溶液中分子之间的相互作用会影响生物分子的结构和动力学行为，从而影响其太赫兹光谱。例如，水分子可以与生物分子形成氢键或静电相互作用，从而改变其分子结构和振动频率。同时，生物分子的水溶液中的浓度和溶液 pH 值也会影响其太赫兹光谱。在高浓度下，分子之间的相互作用会增强，并且可能会导致聚集态的形成。此外，溶液 pH 值可以改变生物分子的电性质，从而影响其太赫兹光谱。因此，水溶液的影响是生物分子太赫兹光谱研究中需要考虑的重要因素之一。为了准确地获取生物分子的太赫兹光谱信息，需要对水分子和分子之间的相互作用进行准确的校正和分析。

1.3.1 水介电弛豫效应随温度的变化

蛋白质表面被其水合层包围，由其结合水控制并引导多种功能，包括配体结合、蛋白质—蛋白质相互作用以及蛋白质结构、稳定性和动力学。蛋白质界面的表面自由能决定了水合层的结构和动力学，导致水合层的结构和动力学随区域的不同而变化。同时，由此产生的水合层的热力学和动力学性质又反过来影响蛋白质的结构和功能。

含水流体的关键物理和化学属性由偶极水分子的氢键网络决定。例如，离子的溶剂化需要氢键水分子极化并在溶质周围重组。然而没有单独的方法能够直接阐明氢键网络的结构和性质。介电弛豫光谱（Dielectric Relaxation Spectroscopy，DRS）可以测量与频率相关的复介电常数：$\varepsilon(\omega) = \varepsilon'(\omega) - i\varepsilon''(\omega)$。对于水溶液的氢键网络，可以从 DRS 中获得有关信息。自由液态水的介电响应主要是由德拜弛豫决定的，在室温下，微波范围内(1 ~ 300 GHz)的电系数在很大范围内变化，$\varepsilon'(\omega)$ 的拐点大约为 19 GHz。对于亲水性和疏水性溶质，离子对的形成和与其他溶液相互作用都可能改变弛豫频率，并对 DRS 谱引入额外的弛豫。解释 DRS 数据最有用的方法是使用分子模拟，精确地预测系统的氢键动力学，从中可以计算 DRS 光谱，以便与实验数据进行比较。在分子模拟中根据原子轨迹预测 DRS 光谱的方法已经发展了几十年，但是由于水弛豫现象的大频率范围需要小的时间步长和长的模拟时间，因此，早期的研究无法从统计学上抽样必要的时间尺度和拟合分析响应函数的噪声预测松弛行为。

如图 1.10 所示，水的复介电函数的实部和虚部随着温度的升高而发生变化。其可以用来描述水在不同温度下的电学性质。在介电函数中，实部代表介质的极化能力，虚部代表介质的电导率。其复介电函数的实部和虚部随着温度的升高而减少，这意味着水分子的极化能力和电导率都随着温度的升高而降低。同时，随着温度的升高，水分子的平均速度和能量也会增加，这会影响介电常数的弛豫时间常数。水的复介电弛豫时间随着温度的升高而减少，这意味着介电常数随着温度的升高而更快地恢复到其平衡值，即温度越高，水的电学性质就越不稳定。

在一定的频率范围内，水分子的弛豫频率随着温度的升高而升高。这是因为，温度的升高会增加水分子的热运动，使分子之间的相互作用力减弱，从而导致弛豫时间缩短，弛豫频率升高。根据德拜—佩特森方程，水的弛豫时间与介电常数和温度有关。其中，介电常数是与分子极性有关的物理量。在相同的频率下，介电常数越大的物质，其弛豫时间越长，弛豫频率越低；反之，介电常数越小的物质，其弛豫时间越短，弛豫频率越高。因此，水分子的弛豫频率随温度的升高而升高，这与介电常数的温度依赖性密切相关。

太赫兹光谱测量过程中的温度会影响水分子的状态、生物分子的构象等，进而影响光谱结果。温度上升会导致蛋白质分子结构的变化，这可能进一步导致蛋白质的振动模式发生改变，从而产生不同的太赫兹光谱信号。对于蛋白质的次级结构，如 α - 螺旋和 β - 折叠，在不同温度下会表现出不同的太赫兹光谱特征。在低温下，蛋白质的次级结构相对比较稳定，太赫兹光谱中的相关特征峰呈现出较好的对称性；而在高温下，由于氢键和其他生物相互作用的破坏，蛋白质中的二级结构可能会发生变化，太赫兹光谱中的特征峰则会变宽、变弱或产生新的峰。所以，蛋白质溶液温度的变化是影响太赫兹光谱特征的重要因素之一。

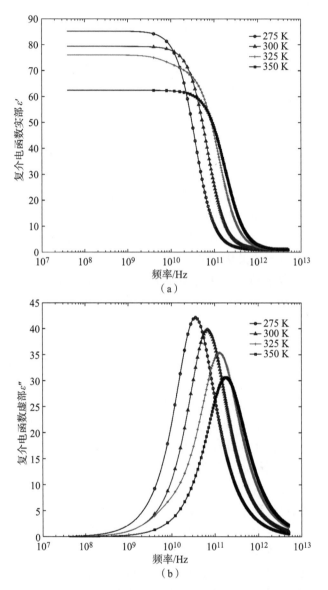

图 1.10 水的复介电函数的实部和虚部随温度变化的介电弛豫

（a）复介电函数实部；（b）复介电函数虚部

1.3.2 界面水与蛋白质的相互作用

界面水是指存在于物质表面或界面处的水分子，通过范德华力、静电力和氢键等与表面/界面上其他物质相互作用，界面上水分子重组形成独特的水合结构，导致溶质熵的降低和界面水熵的增加。这种界面水在材料性质、碳氢化合物溶解性、分子内/分子间相互作用、相变、防污性能、电化学性质、化学反应、蛋白质折叠和酶活性等方面起着至关重要的作用。

蛋白质是由多肽独特折叠的二级和三级结构来实现其生物功能的。多肽的α-螺旋、β-折叠和环结构等二级结构在水中形成独特结构，并诱导结构变化，以响应包括温度和pH值在内的外部刺激。水在三维结构的形成、蛋白质的折叠过程、变性和酶功能中发挥着关键作用。根据核磁共振（Nuclear Magnetic Resonance，NMR）和介电弛豫测量，蛋白质的构象动力学来源于特定基团、残基和水合水分子的局部运动。Fenwick 等人通过 NMR 弛豫证明，μs-ms 时间尺度下的水动力学伴随着脱氢酶的结构变化。蛋白质中配体上每个部分的水合（溶剂可及）值（如甲氧基、苯基和三唑并吡嗪基团）与蛋白质的结合模式有关，在蛋白质—配体的相互作用中可以观察到有序的水分子排列。

在溶液环境中，蛋白质表面与水分子相互作用，形成水合层。蛋白质溶液中的水分子可以分为三种特殊类型（见图 1.11），即自由水（Bulk Water）结合、松散水（Loosely Bound Water）结合和紧密水（Tightly Bound Water）结合。蛋白质—水界面上的水合层是与生化反应、生物能量传输、蛋白质稳定性和蛋白质缔合相关的主要参数。A. Charkhesht 等人通过太赫兹介电光谱研究了牛血清白蛋白（BSA）表面的水合层和动力学。BSA 在水中的结晶水状态表现为紧密结合的水，其时间为 379 ps，松散结合的水的弛豫时间为 45 ps，而本体水的弛豫时间为 8 ps。尽管完全覆盖 BSA 表面的水分子数量为 1 500，但 BSA 表面紧密结合的水分子数量为 1 150 ± 95。此外，在蛋白质—蛋白质相互作用的过程中，蛋白质的局部水合程度随着蛋白质表面的自由能而降低，导致蛋白质—蛋白质交互作用。在蛋白质—蛋白质的相互作用中，水—蛋白质的相互作用分为单氢键和双氢键，水分子与两种蛋白质同时形成氢键。

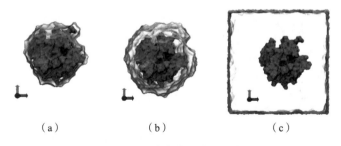

（a）　　　　　　（b）　　　　　　　（c）

图 1.11　蛋白质溶液中的三种水模型

（a）紧密水结合；（b）松散水结合；（c）自由水结合

蛋白质的功能依赖于其自身在水环境中的柔韧性和稳定性。水分子以水合壳的形式存在于蛋白质周围，是蛋白质功能的重要溶剂。水和蛋白质的相互作用对温度非常敏感。在生理温度下，蛋白质必须保持生物化学功能所需的特定三维构象，以便识别和结合配体。因此，蛋白质的稳定性和灵活性需要在生理温度下保持平衡。在蛋白质和散装水之间的界面上的水对于蛋白质的稳定性和柔韧性是必不可少的。蛋白质的局部变化受第一水合壳(δ_1 - 弛豫)中水的动力学控制，而整体构象运动由蛋白质周围的所有水分子驱动，包括水合壳中的水(δ_1 - 弛豫)和体积水(γ - 弛豫)。蛋白质和周围水分子的动力学必须是热驱动的，因此，水合蛋白质的稳定性和柔韧性强烈依赖于温度。对水和蛋白质在一定温度范围内溶液中的动力学进行仔细分析，能够了解蛋白质—水的相互作用在不同温度下的灵活性。

电磁波的交变电场使分子以电偶极矩旋转，可利用德拜弛豫模型(Debye - type Relaxations)来研究分子的介电响应。水分子和蛋白质之间的相互作用改变了水分子的动力学：

$$\varepsilon(\nu) = \varepsilon_\infty + \frac{\Delta\varepsilon_{TB}}{1 + i2\pi\nu\tau_{TB}} + \frac{\Delta\varepsilon_{LB}}{1 + i2\pi\nu\tau_{LB}} + \frac{\Delta\varepsilon_D}{1 + i2\pi\nu\tau_D} \qquad (1-31)$$

式中：$\Delta\varepsilon_{TB} = \varepsilon_s - \varepsilon_1$，$\Delta\varepsilon_{LB} = \varepsilon_1 - \varepsilon_2$，$\Delta\varepsilon_D = \varepsilon_2 - \varepsilon_\infty$，分别为紧束缚介电强度、松束缚介电强度和自由水介电强度，由各个德拜弛豫过程确定；τ_{TB}、τ_{LB} 和 τ_D 为相应的弛豫时间；ε_∞ 为高频相互作用对总介电响应的贡献；ε_s 为蛋白质溶液的静态介电常数。

图 1.12 所示为肌红蛋白水溶液的介电响应。介电损耗和色散[见图 1.12 (a)]谱展示了溶液中水分子的协同弛豫动力学。将光谱解卷成三个德拜元素，解释了溶液中松散束缚(肌红蛋白水溶液：τ_{LB})、紧束缚(肌红蛋白水溶液：τ_{TB})和体积 τ_D 水的贡献。通过从总谱中减去体积水的弛豫贡献，得到了蛋白质水溶液的紧束缚和松散束缚水的介电损耗和介电色散[见图 1.12(b)]谱。该过程揭示了水合层与散装水相比的明显不同的动力学行为。

从实验数据提取的溶液中，肌红蛋白浓度的介电贡献和弛豫时间的函数如图 1.13 所示。蛋白质水溶液的介电响应提供了肌红蛋白周围水分子的水合动力学和结构的信息。松散 τ_{LB} 和紧密 τ_{TB} 结合水的弛豫时间在实验不确定性范围内分别为(36.8 ± 1.8)ps 和(569.4 ± 28.5)ps[见图 1.13(a)]。松散结合 $\Delta\tau_{LB}$ 和紧密结合 $\Delta\tau_{TB}$ 水的介电强度随着高肌红蛋白浓度溶液的饱和而增加[见图 1.13(b)]。然而随着肌红蛋白浓度的增加，溶液中水的介电振幅 $\Delta\tau_D$ 呈单调减少[见图 1.13 (c)]。结合水介电强度的增加表明，当溶液中肌红蛋白浓度增加时，蛋白质会影响更多的水分子。自由水介电振幅的降低与水合壳中水分子的动力学减速有关。水合壳中的水分子不参与自由水的动力学，从而降低了对自由水的介电响应

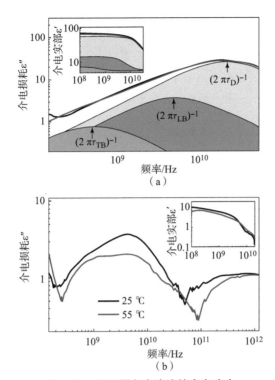

图 1. 12　肌红蛋白水溶液的介电响应

（a）蛋白水溶液介电响应；（b）去除体积水的蛋白水溶液介电响应

的贡献。此外，蛋白质溶液的介电强度减少，也是由于低吸收蛋白分子取代了强吸收水分子，减少了水溶液的吸收［见图1.13(c)］。

在太赫兹频率下，电磁波与溶液中蛋白质的集体振动运动相互作用，包括分子链间和分子内的运动以及水合层。在肌红蛋白溶液中，肌红蛋白周围的水分子形成松散而紧密结合的水合层（见图1.11）。紧密结合的水合层中的水分子主要以氢键的形式与肌红蛋白表面有着直接而强烈的接触。它们成为蛋白质的重要组成部分，不易移动。水溶液中水合肌红蛋白的太赫兹介电谱反映低频振动，涉及骨架和侧链集体运动以及水—肌红蛋白相互作用。蛋白质和水的灵活性允许结构迅速改变，对调节信号高度敏感。水对水合蛋白质的结构稳定性起着重要作用。

1.3.3　水溶液对分子太赫兹光谱的影响

（1）生物分子在水相介质中溶解会与周围水分子相互作用，导致太赫兹光谱的特征峰位发生改变。例如，蛋白质在水中溶解后，与水分子形成氢键，导致太

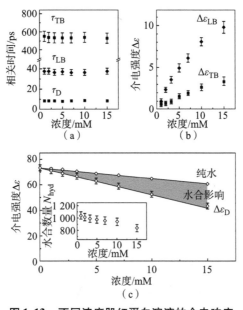

图 1.13 不同浓度肌红蛋白溶液的介电响应

(a)弛豫时间；(b)介电强度；(c)蛋白浓度增加水的介电振幅

N_{hyd}—水合数量，是肌红蛋白周围的水分子估计数量，不参与自由水弛豫

赫兹光谱中的特征峰相对于干态下的峰位发生蓝移。蛋白质是一种大分子结构，包含多种氨基酸残基，其中某些残基可以在水相介质中形成氢键。在水中溶解后，蛋白质中的各种氨基酸残基与周围的水分子发生相互作用，从而导致其特征峰位发生变化，太赫兹光谱中的特征峰相对于干态下的峰位会发生蓝移。蛋白质在水中溶解后，其氨基酸残基与水分子进行氢键作用，从而改变生物分子的振动特性。例如，在蛋白质二级结构中，α - 螺旋和 β - 折叠的氢键会与周围水分子的振动模态相互作用，结果会产生峰位蓝移的问题。这反映了水分子对蛋白质的影响。此外，氢氧基团在蛋白质分子中也会与水分子发生氢键作用，导致太赫兹光谱中的峰位发生蓝移。

为了克服这个问题，以下是一些解决方法。

①使用二甲基亚砜(DMSO)或其他非水性溶剂溶解蛋白质。DMSO 是一种常用的非水性溶剂，可以用于将蛋白质从干态转变为可溶于 DMSO 的形式。在 DMSO 中，蛋白质中的氢键作用会减弱，从而有可能减少峰位蓝移的问题。

②通过冷冻干燥将溶解的蛋白质转变为干态。冷冻干燥是一种制备干燥样品的方法，可以通过将样品在低温下制成固体，然后去除水分来制备干燥样品。在这种形式下，蛋白质中的氢键作用会变得相对较弱，从而减少特征峰的蓝移。

③尝试在样品制备前添加保护剂，防止蛋白质中的氢键作用变得太强。许多

保护剂可以通过与蛋白质相互作用来减弱氢键作用，从而有可能减少峰位蓝移的问题。例如，甘油或乙二醇可能会减弱蛋白质中的氢键作用，从而减少峰位偏移的问题。

（2）水分子的振动模式与生物分子的振动模式有时会发生相互作用，从而改变太赫兹光谱峰的强度。例如，DNA 中的磷酸基团与水分子发生相互作用，导致太赫兹光谱中的磷酸基团峰强度发生变化。DNA 溶于水相介质中，磷酸基团振动模式与周围水分子的振动模式可能会相互作用，从而影响太赫兹光谱中的磷酸基团峰强度。当水分子与 DNA 磷酸基团相互作用后，就会减弱 DNA 的振动强度，从而增强周围水分子的振动强度。

为了克服这个问题，以下是其中一些可能有效的方法。

①通过改变水分子的状态，例如将其转化为冰的形式，可以减少其与磷酸基团的相互作用。因此，在太赫兹光谱信号中，磷酸基团峰的强度将得到改善，从而更精确地测量此峰的特征。

②使用某些溶剂，例如甘油和硫酸，可以减少水分子与磷酸基团相互作用的影响，并提高磷酸基团峰的强度。这意味着在太赫兹光谱信号中，磷酸基团峰将更清晰、更明显。

③调整探测器和样品之间的距离，探测器和样品之间的距离也可能影响磷酸基团峰的测量。如果这两者之间过于接近，则会干扰磷酸基团振动模式，并在太赫兹光谱图像中产生模糊或扭曲的峰。调整这两个组件之间的距离可以减少该效应并提高信号质量。

（3）水分子对 0.2~2.5 THz 波的吸收和散射较强，会干扰太赫兹光谱的测量结果。为了解决这个问题，可以采用以下三种方法来减少水分子的干扰。

①除水剂法：采用高纯度的有机溶剂替换水作为介质，这样可将水分子的干扰消除。如采用甲醇、乙醇或二甲基亚砜等有机溶剂替代水，即可减少由水分子产生的散射和吸收。

②保护剂法：添加含有活性基团的化合物，如聚乙二醇等作为保护剂，可形成保护层，分子团在该层中可获得良好的稳定性和分散性，同时也防止了水分子对信号的干扰。

③减少水分子的质量：通过将包含大量水分子的样品放置在真空中或在干燥剂的影响下将样品干燥，可减少水分子的质量，从而减少其对信号的影响。所以，除水剂法、保护剂法和减少水分子质量等方法都可用于减少水分子对太赫兹光谱结果的影响。

生物分子在酸碱溶液中的溶解及质子化/去质子化状态也会影响太赫兹光谱结果。例如，肽段的赋能状态会影响太赫兹光谱中的相应峰位强度和位置。肽段是由多个氨基酸残基组成的生物大分子，在太赫兹光谱中表现出特定的振动特征。在肽段中，氨基和羧基都可以赋予能量，从而影响太赫兹光谱中的特征峰的位置和强度。肽段的氨基振动模式主要包括 NH2 剪式（Scissoring）振动和 NH2 摇摆（Wagging）振动两种。随着氨基的赋能状态发生变化，NH2 振动对应的特征峰的位置和强度也发生变化。当氨基被赋能时，NH2 振动峰会红移，即向低频方向移动，并且峰的强度也会增强。同样地，肽段的羧基振动模式主要包括 CO 拉伸（Stretching）和 COH 弯曲（Bending）两种。当羧基被赋能时，CO 振动峰会蓝移，即向高频方向移动；此外，COH 振动峰的强度会减弱，而 CO 振动峰的强度会增强。所以，肽段中氨基和羧基的赋能状态会影响太赫兹光谱中对应特征峰的位置和强度。因此，在进行肽段的太赫兹光谱研究时，需要考虑该分子中赋能状态的变化。

第**2**章

太赫兹波的产生与测量

太赫兹电磁波的产生方法主要有光学激发法和电子激发法。光学激发法是指将一束激光束聚焦在具有非线性光学性质的晶体或气体样品中，当激光脉冲能量达到临界值时，将会产生一种非线性光学效应，产生太赫兹辐射。此外，当激光与光电导天线相互作用时，会产生电子—空穴对，这些电子—空穴对会在电场作用下产生快速振荡，从而辐射出太赫兹频段的电磁辐射。电子激发法是指用电子束激励样品，样品中的电子受到加速，发生非线性效应后，产生太赫兹辐射。

目前，矢量网络分析仪(VNA)也可产生频率高达 1.1 THz 的电磁波，外部谐波混频器将信号和频谱分析仪的频率测试范围扩展到 500 GHz 以上频段，倍频器将信号发生器频率范围扩展到 170 GHz 及以上。本章主要介绍激光拍频和基于倍频器产生太赫兹波的方法，以及太赫兹探测器。

2.1 激光拍频产生太赫兹波

两束不同频率的单模激光器产生拍频，使用单行载流子光电二极管(UTC – PD)或光电二极管作为光混频器，可产生连续太赫兹辐射。

2.1.1 激光拍频原理

激光的电场复振幅表示为

$$E(t) = A\cos(\omega t + \varphi) \tag{2-1}$$

式中的 3 个特征参量为振幅 A、频率 ω 和相位 φ。

两束不同激光器产生的激光，3 个参量都不同，分别表示为

$$E_1(t) = A_1\cos(\omega_1 t + \varphi_1) \tag{2-2}$$

$$E_2(t) = A_2\cos(\omega_2 t + \varphi_2) \tag{2-3}$$

当两束激光在传播过程中的空间上重合时，如果两束光有稳定相位关系，就可以产生拍频信号。当两束激光的电场复振幅 $E_1(t)$ 和 $E_2(t)$ 同时进入光电探测器时，光电探测器响应的光强是电场复振幅平方和的时间积分，即

$$
\begin{aligned}
I(t) \propto \left[E_1(t) + E_2(t) \right]^2 &= A_1^2\cos^2(\omega_1 t + \varphi_1) + A_2^2\cos^2(\omega_2 t + \varphi_2) + \\
&\quad 2A_1A_2\cos(\omega_1 t + \varphi_1)\cos(\omega_2 t + \varphi_2) \\
&= A_1^2\cos^2(\omega_1 t + \varphi_1) + A_2^2\cos^2(\omega_2 t + \varphi_2) + A_1A_2\cos[(\omega_1 + \omega_2)t + \\
&\quad (\varphi_1 + \varphi_2)] + A_1A_2\cos[(\omega_1 - \omega_2)t + (\varphi_1 - \varphi_2)]
\end{aligned}
\tag{2-4}
$$

式中：$A_1^2\cos^2(\omega_1 t + \varphi_1) + A_2^2\cos^2(\omega_2 t + \varphi_2)$ 在时间上的平均值为 $\dfrac{A_1^2 + A_2^2}{2}$；频率 $\omega_1 + \omega_2$ 超出了光电探测器的响应频率，所以无法响应。而对于拍频项

$$A_1A_2\cos[(\omega_1 - \omega_2)t + (\varphi_1 - \varphi_2)] \tag{2-5}$$

在两束光波频率接近的时候，其差频可能达到光电探测器的截止频率以内，光电探测器响应到的拍频项产生电压输出为

$$u(t) \propto E_1 E_2\cos[(\omega_1 - \omega_2)t + (\varphi_1 - \varphi_2)] \tag{2-6}$$

综上所述，拍频信号的强弱与两束激光的光强、两束激光的夹角和偏振方向有关。

为了验证拍频产生的原理，建立如图 2.1 所示的太赫兹拍频实验系统。

系统所用激光器是一个外腔可调谐激光器（TLB – 6716 – OI，New Focus）和一个分布式反馈可调谐激光器（DBR852P，Thorlabs），两者都工作在 850 nm 左右，激光器的线宽分别为 10 MHz 和 200 kHz。根据激光器线宽参数，它们的相位关系可以维持数千个周期，即使没有使用锁频，在这段时间内也可以

稳定拍频。为了防止激光器功率反向耦合而损坏激光器，系统中使用了 35 dB 的光隔离器，用于阻止激光的反射。两个激光器空间合束后用频谱分析仪监测拍频信号。

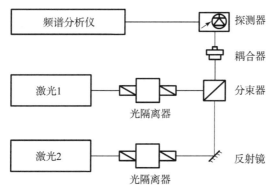

图 2.1　太赫兹拍频实验系统示意

检测过程中保持其中一个激光器的波长不变，调节另一个激光器的波长来改变拍频的频率。试验中，固定激光的初始波长为 852.649 9 nm，可调谐激光器波长为 852.625 0 nm，频率相差为 0.01 THz。频谱分析仪所得到的数据如图 2.2 所示。

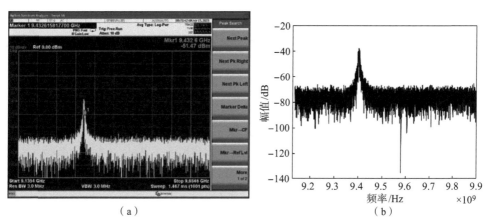

（a）　　　　　　　　　　　（b）

图 2.2　拍频测量结果

连续调节可调谐激光器波长，以步长 0.002 THz 计算出频率分别为 0.01 THz、0.012 THz、0.014 THz、0.016 THz、0.018 THz、0.02 THz。每隔 2 min 记录一次数据，共记录 5 次数据，频谱分析仪所得到的结果如图 2.3 所示，图中的实线为激光拍频的理论计算值。由测量结果可知，实际测量值与理论值有一定的误差，约为 0.08 GHz，满足一般试验对太赫兹拍频频率的准确性要求。

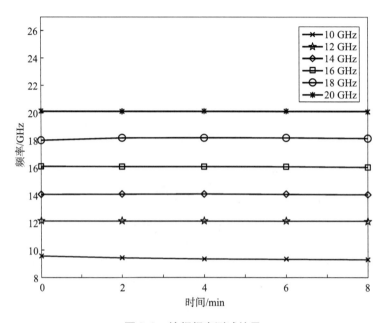

图 2.3　拍频频率测试结果

2.1.2　基于光混频的连续太赫兹波系统

基于光子混频的连续太赫兹辐射源具有可调谐范围宽、可在室温下工作、结构紧凑、成本较低等优点。光电导天线在连续太赫兹辐射源中不仅能将入射激光能量转化成连续太赫兹辐射，而且能将连续太赫兹波有效地辐射出去。

太赫兹光子混频器的两个典型代表是宽带光电导（Photo‐conductive）混频器和光电二极管（Photo‐diode）混频器。目前，采用光子混频技术产生太赫兹波的器件类型主要包括光电导型和光电二极管型。光电二极管太赫兹混频器的典型代表是日本 NTT 公司的单行传输载流子光电二极管。

光子混频的连续太赫兹辐射过程示意如图 2.4 所示，频差在太赫兹范围且相位差恒定的两束连续激光在空间中叠加形成拍频，照射在光电导天线间隙之间的光电导材料上。当激光光子能量大于光电导材料的带宽时，光电导材料内激发出的光生载流子在外加偏置电场作用下形成以太赫兹频率振荡的光电流，然后由天线将能量辐射出去，即形成连续太赫兹辐射。

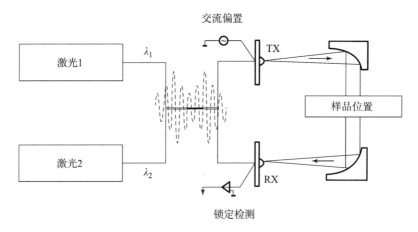

图 2.4　光子混频的连续太赫兹辐射过程示意

1. 光电导太赫兹光子混频器

用于产生连续太赫兹辐射的光电导天线可以看成是由光子混频器和天线两部分组成。其中，光子混频器是指由光电导天线电极间隙以及间隙之间的光电导体组成的结构（见图2.5）。太赫兹光电导天线作为发射极时，它由激光激发、制作在光电导材料（如 GaAs）上的天线和偏置电压组成。当激光脉冲的能量高于光电导材料的带隙能量时，在激光的照射下，光电导材料中产生电子—空穴对。所施加的偏置电压可以加速这些光激发载流子。由于电荷（电子和空穴）的物理分离，产生了与偏置场方向相反的宏观电子—空穴场。通过产生更多的电子—空穴对，在一段时间后，载流子位置处的总电场被屏蔽（通过天线间隙的有效电场的减少）。间隙电场的快速变化导致瞬态电流，最终辐射出太赫兹频率范围内的电磁波。

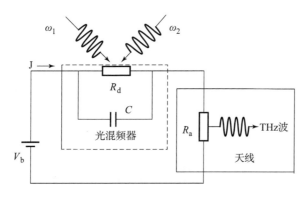

图 2.5　光电导天线等效电路图

两束连续激光入射到光电导天线电极之间的光电导材料表面，假设这两束连续激光的角频率分别为 ω_1 和 ω_2，则电场强度可以表示为

$$E_1(t) = A_1(z)\exp(i\omega_1 t + \delta) + c.c. = 2A_1(z)\cos(\omega_1 t + \varphi) \qquad (2-7)$$

$$E_2(t) = A_2(z)\exp(i\omega_2 t + \delta) + c.c. = 2A_2(z)\cos(\omega_2 t) \qquad (2-8)$$

式中：$A_1(z)$ 和 $A_2(z)$ 为两束激光电场强度的幅度；φ 为两束激光的相对相位差；c.c. 为复共轭。

假设传输介质为无损介质，两束入射激光经空间叠加后的光混频器的光强度为

$$I_{\mathrm{opt}} = \frac{cn\varepsilon_0}{2}|E_{\mathrm{opt}}(t)|^2 \qquad (2-9)$$

式中：n 为介质的折射率；c 为真空中的光速；ε_0 为真空电容率。

总光强可以表示为

$$I_{\mathrm{opt}} = \frac{cn\varepsilon_0}{2}[A_1^2\cos^2(2\pi\nu_1 t) + A_2^2\cos^2(2\pi\nu_2 t + \varphi) +$$

$$2A_1 A_2\cos(2\pi\nu_1 t)\cos(2\pi\nu_2 t + \varphi)] \qquad (2-10)$$

由于光混频器响应慢，因此，只需考虑平均光强（一个直流项）和不同频率下的拍频强度即可。光混合器元件上的光学强度为

$$I_{\mathrm{opt}} = I_1 + I_2 + I_{\mathrm{B}} \qquad (2-11)$$

$$I_{\mathrm{B}} = 2\sqrt{I_1 I_2}\cos[2\pi(\nu_1 - \nu_2)t + \varphi] \qquad (2-12)$$

式中：I_1 和 I_2 是两个激光器的强度；I_{B} 为拍频的强度；$\nu_1 - \nu_2$ 为两入射激光的频率差。

因此，当差分频率调谐到太赫兹频率范围时，就可以得到太赫兹辐射。计算光混频器的入射光功率为

$$P(t) = \int I(t)\mathrm{d}S = P_1 + P_2 + 2\sqrt{mP_1 P_2}\cos[2\pi(\nu_1 - \nu_2) + \varphi]$$

$$P_i(t) = \int cn\varepsilon_0\frac{E_i^2}{2}\mathrm{d}S \quad (i = 1,2) \qquad (2-13)$$

式中：P_1、P_2 为两束激光的平均功率；c 为真空中的光速；n 为光电导材料的折射率；ε_0 为真空中的介电常数；m 为空间混合效率，两束激光没有重叠时，$m = 0$，完全重叠时，$m = 1$，其他情形 m 在 $0\sim1$ 取值，对激光束的横截面面积积分。因此，当两入射激光频差在太赫兹频段时，光电导天线将辐射出太赫兹波，且太赫兹辐射频率随两入射激光的频率差变化而变化。

2. 光电二极管太赫兹光子混频器

单行载流子光电二极管是一种基于载流子的光电转换器件，用于将光信号转换为电信号。它由一排载流子感光结构组成，每个感光结构都包含一个光电二极

管和一个场效应晶体管。在感光结构中,光子被光电二极管吸收并转化为载流子,载流子被收集到场效应晶体管中,形成输出信号。基于光电二极管的光混合器与光电导体类似,可以与太赫兹天线(光电二极管天线,PDA)集成。这种太赫兹源结构紧凑,功率高,可在室温下工作。其工作原理如图 2.6 所示。

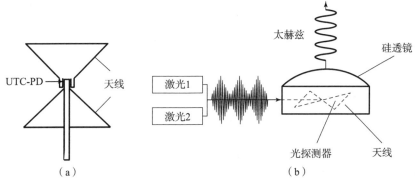

图 2.6　单行载流子光电二极管的工作原理示意
(a)结构示意;(b)工作原理示意

频率为 ν_1 和 $\nu_2(\nu_1-\nu_2$ 是太赫兹范围) 的两束光,直接进入波导 [见图 2.6(b)] 中,当光沿着光波导传到与光吸收层接触的部分时,会通过漏光的形式慢慢馈入光吸收层。这种光耦合入单行载流子光电二极管的方式称为边入射方式。相对于单元混频器件的面入射方式,这种入射方式可以让光更好地均匀分配和高效利用,有利于制作结构紧凑的太赫兹源。另一种光耦合方式为背向垂直入射式,光从背部入射,在吸收层被吸收,产生电子—空穴对。背向垂直入射载流子光电二极管高速性能的主要决定因素是电子在吸收层的扩散时间,要实现高速性能,吸收层不能很厚,但是吸收层过薄,又会使量子效率降低,所以响应速度和量子效率是一对关于吸收层厚度的相互制衡条件。

同时,单行载流子光电二极管在两束入射光的激励下,产生自由载流子。由于这两束光的频率之差处于太赫兹范围,因此载流子会以太赫兹的频率周期产生,并在外电场中加速形成加速电流,电流流向与单行载流子相连的天线将太赫兹波辐射出去。

如图 2.7 所示,UTC – PD 被封装在波导中,既可以实现宽带操作,又可以使用宽带宽的喇叭天线。在 600 GHz 频段 (波长为 500 μm),石英衬底厚度小于 10 μm 时,制造和处理如此薄的石英衬底加工难度大。使用基于环烯烃聚合物的光敏聚合物材料作为耦合器的绝缘层,聚合物的相对介电常数为 2.5,低于石英的介电常数 3.9,从而降低了耦合器的介电损耗。此外,耦合器与二极管的单片集成消除了主要由二极管芯片和耦合器之间的键合线引起的损耗和带宽限制。

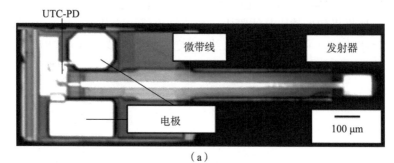

（a）

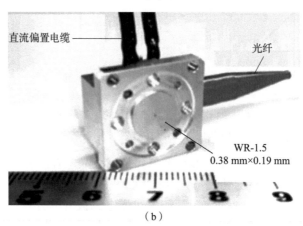

（b）

图 2.7　单行载流子光电二极管
（a）耦合器集成的 UTC – PD 芯片；（b）封装的 UTC – PD 模块

2.2　倍频产生太赫兹波

倍频（Multiplication Frequency）是指将信号频率增大或减少 $1/n$ 倍（n 为整数），通常用于电子电路中的时钟分频，以及一些无线电通信中的频率合成。太赫兹倍频是一种在太赫兹频段内实现高频率发射的技术，其历史可以追溯到 20 世纪 70 年代。1975 年，美国斯坦福大学的科学家们首次使用倍频技术将 10 μm 的激光器输出转换成 0.6 μm 的太赫兹辐射信号。1980 年，日本理化学研究所的科学家开发出一种新型太赫兹倍频设备，使用这种技术可以将 338 GHz 的波长缩短至 169 GHz。之后，该机构与电通公司合作，成功制造出用于医学诊断的太赫兹系统，并于 1992 年成功商业化。2001 年，美国麻省理工学院的研究人员成功地使用结构弛豫腔来增强太赫兹倍频现象，并展示了基于此技术的 10 kHz 太赫兹发生器原型。2004 年，日本东北大学和电通公司的科学家们制造出了首个集成型太赫兹倍频设备，使用此设备可以创建高峰值功率的连续波太赫兹辐射信号。

2.2.1　倍频器原理

倍频器，顾名思义就是实现频率倍增的二端口器件。太赫兹倍频器是一种将微波或毫米波信号倍频成太赫兹频段信号的装置，其原理基于晶体材料的非线性光学效应。当高强度的微波或毫米波信号通过晶体材料时，会引起电介质的偏振变化，通常采用反向偏置的二极管作为非线性元件，如二极管或场效应晶体管等，在材料内部形成高频电场，从而导致材料中的极化方向发生变化。这个过程可以描述为二次谐波生成效应。利用这种效应，可以将输入的微波或毫米波信号频率倍增。例如：首先将 30 GHz 的微波信号倍频到 60 GHz，然后再将其倍频到 120 GHz；最后达到太赫兹频段的高频率。

太赫兹倍频器通常采用反向偏置的二极管作为非线性元件：输入信号首先经过滤波器后进入二极管，产生二次谐波；然后通过滤波器选取所需的二次谐波，再次经过二极管产生四次谐波。依此类推，通过多级倍频，最终得到所需的输出信号。肖特基二极管（SBD）具有强烈的电容和电阻非线性，可以对输入信号频率生成高次谐波，实现信号的倍频输出，具有全固态、易于系统集成等特点。宽禁带 GaN 基 SBD 在功率承载方面具有优势。然而相比传统 GaAs 基 SBD 器件，受到 GaN 载流子迁移率的影响，GaN 基 SBD 器件的串联电阻较大，倍频电路的效率较低。

倍频器也存在有源倍频与无源倍频两种方式。有源倍频可以实现对输入信号在功率上的放大；而无源倍频会对信号产生较大的衰减，但其在成本上以及结构的灵活度上拥有较大的优势。

倍频器的电压电流特性方程可由下式的泰勒展开表示：

$$I = K_0 + K_1 V + K_2 V^2 + K_3 V^3 + \cdots + K_n V^n \qquad (2-14)$$

式中：I 与 V 分别表示电流和电压；K_1，K_2，$\cdots$，K_n 由器件的物理特性所决定，代表了器件的非线性特性。

假设输入信号为 $V_{in}\cos(W_{in}t)$，输出信号为

$$V_{out} = K_0 + K_1 V_{in}\cos(W_{in}t) + K_2 V_{in}^2\cos^2(W_{in}t) + K_3 V_{in}^3\cos^3(W_{in}t) + \cdots \qquad (2-15)$$

式（2-15）右边的三次子项与四次子项将分别产生 $A\cos(2W_{in}t)$ 与 $B\cos(3W_{in}t)$ 项，这两项代表了非线性器件的倍频功能。使用带通滤波器将不需要的分量滤

除，即可得到预期所需的倍频量。

1. 单二极管倍频结构

最简单的倍频结构仅需一个二极管即可完成，其结构如图 2.8 所示。其中，输入阻抗匹配网络将激励信号耦合到二极管中，而输出阻抗匹配网络则将倍频后的信号耦合到输出端口中。输入端口与输出端口的滤波器可以将两端口隔离起来。

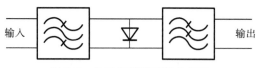

图 2.8 单二极管倍频结构示意

设二极管的伏安曲线为下式所示的方程：

$$I = I_s(e^{KV} - 1) \tag{2-16}$$

当单管倍频器的输入信号为 $V_{in}\cos(W_{in}t)$，则输出为

$$V_{out} = I_s(e^{KV_{in}\cos(W_{in}t)} - 1) \tag{2-17}$$

式(2-17)可展开为

$$V_{out} = \sum_{n=0}^{\infty} A_n\cos(W_{in}t) \tag{2-18}$$

式中：n 为整数。由该式可知，其输出含有任意整数倍的谐波分量。由于其输出谐波量较多，且谐波量之间的频率间隔较小，因此单管倍频虽然结构简单，但对输出的滤波器要求极高，且倍频效率将比较低。

2. 并联二极管对倍频结构

并联二极管对倍频结构示意如图 2.9 所示。与单管倍频方式的结构相似，其同样需要输入/输出匹配网络。由于太赫兹频段常使用波导作为传输线，波导具有截止波长，只有小于此波长的信号方可传输。因此，倍频器的输入信号将在输出端口被全反射回源端，故输出端口将很好地隔离于输入口。

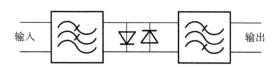

图 2.9 并联二极管对倍频结构示意

并联二极管对作为倍频元件的结构在太赫兹频段被广泛应用，其总电流为

$$I = I_1 + I_2 = I_{s0}(\mathrm{e}^{KV} - \mathrm{e}^{-KV}) \tag{2-19}$$

设输入电压为 $V_{\mathrm{in}}\cos(W_{\mathrm{in}}t)$，则输出电流演变为

$$I_0 = 2I_s\cosh(KV_{\mathrm{in}}\cos(W_{\mathrm{in}}t)) \tag{2-20}$$

对 $(2-20)$ 进行傅里叶展开可得

$$\begin{aligned} I_0 = 4I_s \big[B_1(KV_{\mathrm{in}})\cos(W_{\mathrm{in}}t) + B_3(KV_{\mathrm{in}})\cos(3W_{\mathrm{in}}t) + \\ B_5(KV_{\mathrm{in}})\cos(5W_{\mathrm{in}}t) + \cdots + B_n(KV_{\mathrm{in}})\cos((2n+1)W_{\mathrm{in}}t) \big] \end{aligned} \tag{2-21}$$

式中：$B_n(KV_{\mathrm{in}})$ 为 n 阶贝塞尔函数。

由式 $(2-21)$ 可知，并联二极管对的输出信号中包括了奇次谐波，相邻谐波量频率相差 3 倍，距离远大于单管倍频。同时，由于其偶次倍频量被回收利用，因此其倍频效率较高。正是基于上述的优点，二极管对的倍频方式被广泛地应用于太赫兹频段。

2.2.2　太赫兹倍频器

太赫兹倍频器最早采用单管结构，但随着半导体技术的发展，为适应太赫兹技术应用对倍频器频谱纯度、功率容量等的要求，太赫兹倍频器电路结构常采用多个二极管构成的平衡结构来抑制谐波、增加功率。

1. 太赫兹二倍频器

太赫兹二倍频电路指的是一种将输入信号频率加倍的电路，其工作频率在太赫兹频段。这种电路通常由非线性元件（如二极管）和谐振电路组成。首先将输入信号输入到非线性元件中，产生高次谐波；然后通过谐振电路滤波和放大，最终得到加倍后的输出信号。

太赫兹二倍频器多采用如图 2.10 所示的平衡结构抑制奇次谐波。其中，输入信号为 TE10 模从上至下进入二极管，输出信号从中间通过微带引出准 TEM 模。该结构利用二极管输入/输出端电磁波传输模式的正交实现输入/输出信号的隔离，免去了输入/输出隔离滤波器，减小了设计复杂度以及电路尺寸，该电路结构适应于太赫兹频段对电路小尺寸的要求，已成为太赫兹二倍频器典型电路。

2. 太赫兹三倍频器

太赫兹三倍频器的主要结构一般有两种，图 2.11 所示为反向并联二极管对

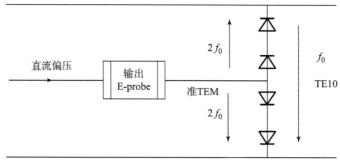

图 2.10 太赫兹二倍频器电路结构

形式的三倍频器电路。该倍频器的二极管数量为偶数，输入/输出信号均由二极管对中心耦合，为保证每个二极管偏置状态相同，直流偏置从二极管一端加载。二极管对于输入信号呈现反向并联；对于直流偏置，则为串联。同时偶次谐波在此种结构下形成虚拟回路，只有奇次谐波进入输出端，实现抑制偶次谐波的功能。该倍频器适用于奇次倍频器。

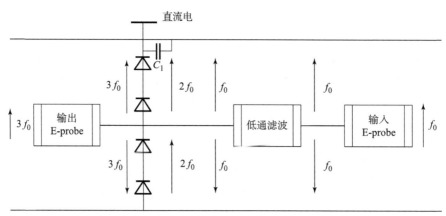

图 2.11 反向并联二极管对形式的三倍频器电路示意

从图 2.11 中可见，该种结构的直流地与射频地是分开的。在二极管加载偏置的一端需要有电容接地，装配电容带来的误差会影响二次谐波的虚拟回路，影响谐波抑制效果。

图 2.12 所示的是另一种形式的太赫兹三倍频器为同向并联二极管对，该类型的三倍频器的二极管数量同样为偶数，输入/输出信号以及直流偏置均从二极管对中心加载。因此无论对于射频信号还是直流偏置，均呈现同向并联形式。

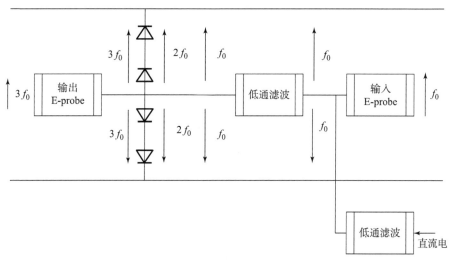

图 2. 12　同向并联二极管对三倍频器

该倍频器可等效为一个单管倍频器，因此无法抑制任何次数的谐波分量。但相比于反向并联二极管对形式，该类倍频器直流地与射频地相同，无须接地电容。同时，偏置电路的加载也相对灵活，整体上对加工与装配的要求较低，其二极管封装形式也与二倍频器二极管相同，可以进一步降低成本。

2. 2. 3　提高倍频的方法

1. 傅里叶法

傅里叶法提高倍频是通过非线性光学效应实现的，将一个强度较低的光束通过非线性光学晶体，光束的频率会发生倍频或高次倍频的现象，从而得到一个频率更高的光束。这是一种最简单的模拟倍频方式，如图 2.13 所示。每一个周期性的信号能定义为一个基频及它的谐波部分的和。如果变换振荡器的正弦波输出为方波，则使用如下关系式：

$$x(t) = \sin(\omega_0 t) + \frac{1}{3}\sin(3\omega_0 t) + \frac{1}{5}\sin(5\omega_0 t) + \cdots \qquad (2-22)$$

傅里叶法提高倍频的方法虽然可以实现光束频率的倍增，但也存在一些缺点，如下所述。

（1）非线性光学效应的倍频过程通常需要高功率的激光光束和长的非线性晶体，而且效率较低，只有小部分光能被转换成倍频后的光束。

（2）非线性光学倍频过程需要满足相位匹配条件，即输入光束的相位和倍频

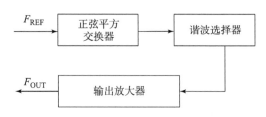

图 2.13　提高倍频的方法之傅里叶法

后的光束的相位必须匹配，否则会导致倍频效率降低。

（3）非线性晶体的倍频效率还受到温度的影响，温度变化会导致晶体的相位匹配条件发生变化，从而影响倍频效率。

（4）非线性光学倍频过程会导致光束的相位发生失真，从而影响光束的质量和稳定性。

（5）高功率的激光光束在倍频过程中容易引起光学损伤，从而影响倍频效率和晶体的寿命。

2. 锁相环法

锁相环法是一种通过反馈控制实现频率稳定的方法，将倍频后的光束与一个参考信号进行比较，通过反馈控制调整倍频器的相位和频率，使得倍频后的光束与参考信号保持同步，从而实现倍频效率的提高，如图 2.14 所示。锁相环法的优点是可以实现高精度的频率稳定和相位同步，可以有效地解决非线性光学倍频过程中的相位匹配问题和相位失真问题。同时，锁相环法还可以应用于其他领域，如频率合成、频率测量、时钟同步等。

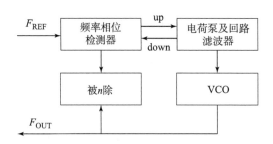

图 2.14　提高倍频的方法之锁相环法

由于频率分割，所以压控振荡器（VCO）必须产生乘以 n 的倍频。分割后进入反馈回路，使在比较器输入端有相同的频率。同样需要注意的是，该方法在大的频率范围内更容易实现，同时由于反馈回路及比较器的延迟引起频率抖动，所以会降低锁相质量。

锁相环法提高倍频的缺点主要包括以下五个方面。

（1）锁相环法需要使用复杂的电路和控制系统，包括振荡器、相位检测器、低通滤波器等，系统设计和调试难度较大。

（2）锁相环法的稳定性受到环路带宽、噪声和干扰等因素的影响，如果环路带宽过大或过小，都会导致稳定性降低。

（3）锁相环法的反馈控制需要一定的时间延迟，如果延迟时间过长，会导致系统不稳定或者失效。

（4）锁相环法只能实现频率的稳定和同步，不能实现频率的倍增，因此在需要高倍频效果时，锁相环法的应用受到限制。

（5）锁相环法需要使用复杂的电路和控制系统，成本较高。

3. 参量法

参量法是一种通过非线性光学效应实现倍频的方法，它利用参量波和信号波在非线性晶体中的相互作用，产生一个新的波，其频率是参量波和信号波频率之和或差。参量法的优点是可以实现高效的倍频效果，同时还可以实现宽带和调谐的倍频效果。

参量法采用了基于在半导体之间给出的参数转移实现乘法功能的硬件，在其输出端具有一个次谐波衰减可选择的倍频系数。一个输出带通滤波器加以改善次谐波的衰减，如图 2.15 所示。

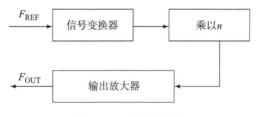

图 2.15　参量倍频器

参量法的优点是在低频及高频时都能很好地工作；其缺点主要包括以下五个方面。

（1）参量法需要使用复杂的非线性晶体和光学器件，系统设计和调试难度较大。

（2）参量法的倍频效率受到非线性晶体的长度、相位匹配和光学损耗等因素的影响，效率较低，只有一小部分光能被转换成倍频后的光束。

（3）非线性晶体的倍频效率还受到温度的影响，温度变化会导致晶体的相位匹配条件发生变化，从而影响倍频效率。

（4）非线性光学倍频过程会导致光束的相位发生失真，从而影响光束的质量和稳定性。

（5）高功率的激光光束在倍频过程中容易引起光学损伤，从而影响倍频效率
和晶体的寿命。

2.2.4 太赫兹矢量网络分析仪系统

太赫兹矢量网络分析仪主要由矢量网络分析仪（Vector Network Analyzer，
VNA）主机、扩频控制机、S 参数测试模块组成，原理框图如图 2.16 所示。矢
量网络分析仪扩频控制机对来自微波矢量网络分析仪主机的射频与本振信号进行
功率放大稳幅并功分后分别送入两个 S 参数测试模块，射频激励信号在 S 参数测
试模块中，由多级放大倍频产生太赫兹信号，定向耦合器实现太赫兹波参考信号
与测试信号的分离。太赫兹参考信号由混频器下变频为中频信号，通过矢量网络
分析仪扩频控制机放大后输入至矢量网络分析仪主机，作为参考中频信号和传输
中频信号，完成正向中频信号的提取。主机对全部中频信号进行处理，检测出信
号的幅值和相位的信息及相关比值。该系统具有组成方式灵活、通用性好的
优点。

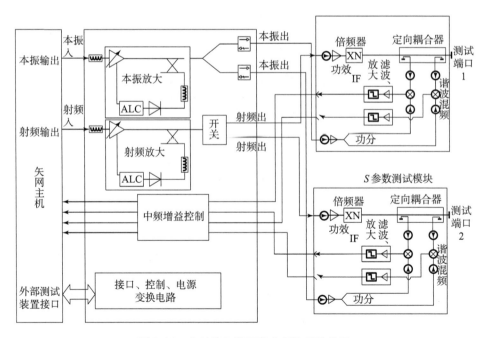

图 2.16　太赫兹矢量网络分析仪系统构架

1. 矢量网络分析仪测量原理

矢量网络分析仪主机的内部提供内置的微波源，用来向 S 参数测试模块激励射频信号和本振信号。S 参数测试模块内部链路中含有功率放大器、倍频器、隔离器、衰减器、谐波混频器、定向耦合器和谐波混频器等部件，可以实现不同端口的信号测量，从而计算端口网络对应的 S 参数。通过更换与不同频率适配的 S 参数测量模块，就可以实现对不同频段的网络参数的检测。矢量网络分析仪不仅能测量器件的 S 参数，还能对网络的插入损耗、隔离度、电压驻波比等很多参数进行测量，并且能达到很高的精度。

S 参数是在微波网络中最常用的一种参数，它是以入射波和反射波的归一化电压而定义的，图 2.17 所示的是二端口网络信号流程示意。

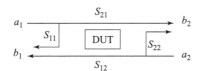

图 2.17　二端口网络信号流程示意

当入射波 a_1 从端口 1 输入时，由于网络端口的失配，其中一部分能量会被反射，成为端口 1 出射波 b_1 的一部分；a_1 的其余能量通过网络传输到端口 2，成为端口 2 出射波 b_2 的一部分。同样，当入射波 a_2 从端口 2 输入时，分析同上。把端口 1 的两股出射波整合在一起构成 b_1，端口 2 的两股出射波整合在一起构成 b_2。按照图 2.17 所示中入射波与反射波的示意方向，再通过叠加定理，就可以用入射波电压值表示出反射波电压值，网络方程如下：

$$\begin{cases} b_1 = S_{11}a_1 + S_{12}a_2 \\ b_2 = S_{21}a_1 + S_{22}a_2 \end{cases} \qquad (2-23)$$

也可用矩阵的形式表示：

$$\boldsymbol{b} = \boldsymbol{Sa} \qquad (2-24)$$

式中：把 $\boldsymbol{S} = \begin{bmatrix} S_{11} & S_{12} \\ S_{21} & S_{22} \end{bmatrix}$ 称为网络的散射矩阵，简称为矩阵 $\boldsymbol{S}$。通过式（2-24）可给出 $\boldsymbol{S}$ 矩阵中包含的各元素的物理含义：

$S_{11} = \dfrac{b_1}{a_1}\bigg|_{a_2=0}$ 所示为端口 2 接匹配负载时，端口 1 的电压反射系数；

$S_{12} = \dfrac{b_1}{a_2}\bigg|_{a_1=0}$ 所示为端口 1 接匹配负载时，端口 2 到端口 1 的传输系数；

$S_{21} = \dfrac{b_2}{a_1}\bigg|_{a_2=0}$　所示为端口 2 接匹配负载时，端口 1 到端口 2 的传输系数；

$S_{22} = \dfrac{b_2}{a_2}\bigg|_{a_1=0}$　所示为端口 1 接匹配负载时，端口 2 的电压反射系数。

二端口的矢量网络分析仪由激励信号源、功分器、定向耦合器、幅相接收机、数据处理单元和显示模块组成。作为一个完整测量分析仪器，矢量网络分析仪内部还包括存储模块和显示器，方便对测量数据的处理以及进行直观的结果显示。每个模块的基本介绍如下。

（1）激励信号源。矢量网络分析仪一般采用扫频式信号源，采用宽带扫频体制，可以在不同频率点上实现对器件散射参数的测量。矢量网络分析仪的扫频带宽可手动选择，因此可以通过矢量网络分析仪对待测器件进行宽频带的测量。微波波段频率较高，矢量网络分析仪中一般采用多级混频的方式来产生很高的信号发射频率。

（2）功分器和定向耦合器。功分器可以将信号源产生的信号分成两部分，每部分都有相同的功率并分别输出到待测器件和接收机中，信号分成两路，便于对接收信号的对比处理；定向耦合器的作用是把待测器件反射的信号提取并传输到接收机内。

（3）幅相接收机。幅相接收机用于对信号的幅度及相位进行测量。为了保证矢量网络分析仪的测量精度，在测量时，一般要求幅相接收机能够对测量时系统产生的干扰信号具有一定的抑制作用，并且需要具有较高的测量灵敏度及动态范围。

（4）数据处理单元和显示模块。数据处理单元能够对接收到的测量数据进行处理，也能够对系统误差进行补偿计算，使测量结果更精确；显示模块则可以让用户更直观地观测到数据的测量结果，同时也能对当前测试参数进行显示。

2. 矢量网络分析仪的校准

任何测量仪器都不是完美的，实际测量结果都会与理想结果之间存在一定的误差。矢量网络分析仪的校准是指通过测量一些特性已知的标准件，确定硬件系统误差，以便对测量结果进行修正，尽量消除误差对测量结果造成的影响。矢量网络分析仪的测量精度，不仅与硬件相关，也与误差模型、误差的计算方法以及标准件的定义有关。经过校准的矢量网络分析仪，其动态范围和测量精度只与系统噪声和稳定性、接头的可重复性以及标准件已知特性的精度有关。

下面首先介绍测量误差的种类，以及各种误差的产生和对测量结果的影响；然后介绍矢量网络分析仪常见的几种校准方法，以了解误差消除的原理和过程。

（1）误差来源。在矢量网络分析仪中，系统误差主要有方向性误差、源和负载匹配误差、隔离度误差以及频率响应误差。这些误差可以在校准过程中被计算出来，并保存在矢量网络分析仪中，以便在测量结果中消除。

①方向性误差。该误差通常是由分离激励信号和反射信号的定向耦合器引起的，并不是只由反射信号在耦合端口输出引起的，如图 2.18 所示。

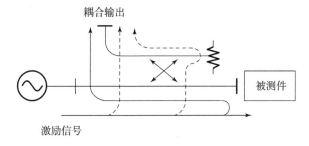

图 2.18　非理想定向耦合器

由于信号泄露，一部分激励信号会进入定向耦合器的耦合输出端，耦合臂端接负载的不完全匹配会形成反射；而且，耦合输出端的接头也会存在一定的反射。所有这些形成了被测件反射波的不确定性，因为接收机是无法区分出这些信号的。衡量定向耦合器分离正向和反向信号的能力的标准是方向性。方向性越高，分离信号的能力越强。系统的方向性是出现在接收机输入端所有泄露信号的矢量和。方向性误差与被测件的特性无关。在测量低反射器件时，会对方向性误差产生比较显著的影响。

②源匹配误差。源匹配误差是指由于从被测件向源方向的阻抗失配，而出现在接收机输入端的所有信号的矢量和。包括适配器和线缆的失配及损耗。在测量反射参数时，首先从被测件反射回来的信号又被失配的激励源反射回去；然后重新从被测件反射回来。源匹配误差就是因此而产生的，如图 2.19 所示。在测量传输参数时，源匹配误差是被源重新反射过来的信号通过被测件产生的。

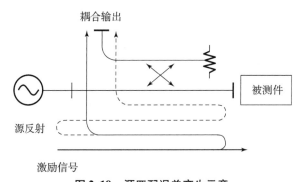

图 2.19　源匹配误差产生示意

源匹配误差与被测件的实际输入阻抗以及激励源的等效匹配有关，在反射和传输参数的测量中均会出现。尤其在测量阻抗失配比较严重、反射比较大的器件（如滤波器的阻带）时，会有比较显著的影响。

③负载匹配误差。负载匹配误差是由被测件输出端口与端口2的非完全匹配造成的。通过被测件的部分信号从端口2反射回来进入被测件，如图2.20所示。这部分信号又有一部分被反射回端口2，另有一部分信号通过被测件出现在端口1。如果被测件的插入损耗比较小，则从端口2和激励源重新反射回来的信号会造成较大的误差，因为在反射过程中的信号没有被有效衰减。

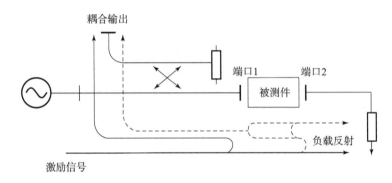

图2.20　负载匹配误差产生示意

负载匹配误差与被测件的实际输出阻抗以及矢量网络分析仪端口2的等效匹配有关。在传输参数以及二端口网络的反射参数测量中均会出现。当被测件的插入损耗大于6 dB时，源匹配误差和负载匹配误差的相互作用会变得较小。

④隔离度（串扰）误差。与反射参数测量时的方向性类似，在传输参数测量时，矢量网络分析仪信号通路间的能量泄漏也会造成误差。隔离度是指由于参考信号与测量信号通路之间的串扰，出现在采样器处的信号的矢量和。其中，包括测试装置中以及接收机的射频和中频部件中的信号泄露。隔离度误差与被测件的特性有关，在高损耗器件的传输参数测量时，会比较明显。但是，对于绝大多数测量，矢量网络分析仪的隔离度已经足够高，有时甚至不需要修正隔离度误差。

⑤频率响应误差。频率响应误差是指整个测量装置中，幅度和相位随频率的变化。包括信号分离部件、线缆、适配器以及参考和测量信号通路。该误差对传输和反射参数的测量均有影响。

（2）校准方法。

①单端口校准。在测量单端口器件或者器件的反射系数时，测量结果的误差

主要来自三种误差：方向性误差、源匹配误差和频率响应误差。测量反射参数时的信号流图即单端口误差模型如图 2.21 所示。

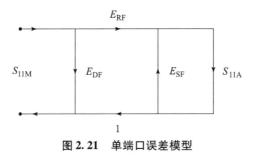

图 2.21　单端口误差模型

图 2.21 中，E_{DF} 为方向性误差；E_{SF} 为源匹配误差；E_{RF} 为反射频率响应误差；S_{11M} 为矢量网络分析仪测得的反射系数值；S_{11A} 为被测件的真实反射系数值。

从误差模型可以得出，这些量之间的关系为

$$S_{11M} = E_{DF} + \frac{S_{11A} E_{RF}}{1 - S_{11A} E_{SF}} \qquad (2-25)$$

从式（2-25）可以看出，在三个误差项和被测件测量值已知的情况下，便可以计算出被测件的真实值，即

$$S_{11A} = \frac{S_{11M} - E_{DF}}{E_{SF}(S_{11M} - E_{DF}) + E_{RF}} \qquad (2-26)$$

这些误差项可以通过校准来获得，即在参考平面测量三个不同的已知负载，得到三个不同的方程。求解线性方程，便可以得到三个误差项。一般选择短路、开路和匹配负载三种负载作为标准件。假设标准件为理想的，当测量匹配负载标准件时，$S_{11A} = 0$。由式（2-26）可知，测得的 S_{11M} 即为方向性误差。同理，测量短路标准件时，$S_{11A} = -1$；测量开路标准件时，$S_{11A} = 1$。通过计算这两个方程便可求解出另外两个误差项。

②双端口校准。SOLT［短路（Short）、开路（Open）、负载（Load）、直通（Thru）］校准是在测量双端口器件的全部网络参数时，可能的误差来源有方向性误差、频率响应误差、源和负载匹配误差以及隔离度误差，而且在正向和反向参数的测量时，误差是不同的。SOLT 校准是最精确的，因为考虑了所有的系统误差。矢量网络分析仪中的信号流图即全双端口（12 项）误差模型如图 2.22 所示。

图 2.22 中，E_{DF} 和 E_{DR} 分别为正向和反向的方向性误差；E_{XF} 和 E_{XR} 为隔离度

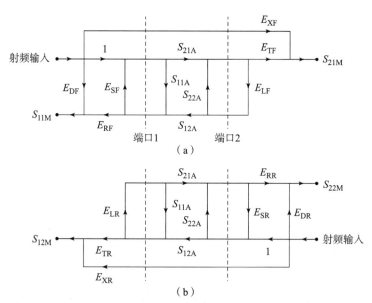

图2.22 全双端口误差模型

（a）正向；（b）反向

误差；E_{SF} 和 E_{SR} 为源匹配误差；E_{LF} 和 E_{LR} 为负载匹配误差；E_{TF} 和 E_{TR} 为传输频率响应误差；E_{RF} 和 E_{RR} 为反射频率响应误差。

从误差模型可以看出，12 个误差项与被测件的测量值和真实值之间的关系为

$$
\begin{cases}
S_{11M} = E_{DF} + E_{RF} \dfrac{S_{11A} - E_{LF}\Delta S_A}{1 - E_{SF}S_{11A} - E_{LF}S_{22A} + E_{SF}E_{LF}\Delta S_A} \\[4mm]
S_{21M} = E_{XF} + E_{TF} \dfrac{S_{21A}}{1 - E_{SF}S_{11A} - E_{LF}S_{22A} + E_{SF}E_{LF}\Delta S_A} \\[4mm]
S_{12M} = E_{XR} + E_{TR} \dfrac{S_{12A}}{1 - E_{LR}S_{11A} - E_{SR}S_{22A} + E_{LR}E_{SR}\Delta S_A} \\[4mm]
S_{22M} = E_{DR} + E_{RR} \dfrac{S_{22A} - E_{LR}\Delta S_A}{1 - E_{LR}S_{11A} - E_{SR}S_{22A} + E_{LR}E_{SR}\Delta S_A} \\[4mm]
\Delta S_A = S_{11A}S_{22A} - S_{21A}S_{12A}
\end{cases}
\qquad (2-27)
$$

如果所有误差项和被测件的测量值已知，便可得到误差修正后的被测件的真实值为

$$
\begin{cases}
S_{11A} = \dfrac{1}{D}\left[\left(\dfrac{S_{11M}-E_{DF}}{E_{RF}}\right)\left(1+\dfrac{S_{22M}-E_{DR}}{E_{RR}}E_{SR}\right)-\left(\dfrac{S_{21M}-E_{XF}}{E_{TF}}\right)\left(\dfrac{S_{12M}-E_{XR}}{E_{TR}}\right)E_{LF}\right] \\[4mm]
S_{21A} = \dfrac{1}{D}\left[1+\dfrac{S_{22M}-E_{DR}}{E_{RR}}\ (E_{SR}-E_{LF})\right]\left(\dfrac{S_{21M}-E_{XF}}{E_{TF}}\right) \\[4mm]
S_{12A} = \dfrac{1}{D}\left[1+\dfrac{S_{11M}-E_{DF}}{E_{RF}}\ (E_{SF}-E_{LR})\right]\left(\dfrac{S_{12M}-E_{XR}}{E_{TR}}\right) \\[4mm]
S_{22A} = \dfrac{1}{D}\left[\left(\dfrac{S_{22M}-E_{DR}}{E_{RR}}\right)\left(1+\dfrac{S_{11M}-E_{DF}}{E_{RF}}E_{SF}\right)-\left(\dfrac{S_{21M}-E_{XF}}{E_{TF}}\right)\left(\dfrac{S_{12M}-E_{XR}}{E_{TR}}\right)E_{SR}\right] \\[4mm]
D = \left(1+\dfrac{S_{11M}-E_{DF}}{E_{RF}}E_{SF}\right)\left(1+\dfrac{S_{22M}-E_{DR}}{E_{RR}}E_{SR}\right)-\left(\dfrac{S_{21M}-E_{XF}}{E_{TF}}\right)\left(\dfrac{S_{12M}-E_{XR}}{E_{TR}}\right)E_{LF}E_{LR}
\end{cases}
$$

$$(2-28)$$

SOLT 校准的方式与单端口类似，通过测量标准件来确定误差项，保存在矢量网络分析仪中，以便对被测件测量结果进行修正。不同的是，SOLT 校准除了使用短路、开路和匹配负载标准件外，还有一个直通标准件，即将两端口直接连接在一起，因此称为 SOLT 校准。

对于正向误差，SOLT 校准的步骤如下。

（1）在矢量网络分析仪的端口 1，按照前面的单端口校准方法，分别测量短路、开路和匹配负载标准件，可以求得 E_{DF}、E_{SF} 和 E_{RF}。因为当单端口的标准件连接在双端口测量系统时，S_{11M} 的关系式与单端口时的情况相同。

（2）测定信号泄露。在端口 1 和端口 2 均接 Z_0 负载，可得 $E_{XF}=S_{21M}$。

（3）将端口 1 和端口 2 直接连接在一起。此时 S_{11M} 的关系式与单端口时相同，并且前面已经求出了端口 1 的 3 个误差项，因此可以求得 E_{LF}。S_{21M} 的关系简化后，可求得 E_{TF}。

这种校准方法，要求 Z_0 已知，短路标准件特性较好，开路标准件的电容效应精确已知。在 SOLT 校准过程中，串扰误差的校准通常可以省略。因为串扰误差一般只在测量高隔离度或者高动态范围的器件时，才会对测量结果有明显影响。

2.3　太赫兹探测器

目前，开发高响应、易于使用、集成低成本的太赫兹探测器已成为研究热点和焦点。太赫兹波介于微波和红外线之间，又具有电学和光学的特殊性，因此有多种太赫兹探测方法。

太赫兹电场引起的电子运动可以实现太赫兹探测。例如，光导天线探测器是太赫兹电场诱发材料极化，并产生电光采样、光整流等一系列变化。太赫兹电场与样品之间的相互作用可以激发结构的表面等离激元谐振，从而引起电信号的变化实现太赫兹探测，如表面等离激元探测器。此外，还有基于太赫兹热效应的探测技术。一些材料在受到电磁波照射时会产生热效应，即吸收入射电磁波能量后温度升高，会引起电阻率、体积或自发极化强度等物理特性的变化。通过测量这些变化，太赫兹热探测器可以探测到太赫兹波。探测过程与入射电磁波的热能有关，热探测器的响应频率范围很广，一般可以覆盖所有太赫兹频段。常见的太赫兹热探测器包括戈莱探测器、辐射热计、热释电探测器和热电探测器。

2.3.1 探测器性能评价指标

太赫兹探测器大多工作在各种固有电流信号的环境中，这些影响来自温度、振动、湿度、环境光和其他电磁辐射等，以及探测器材料本身的杂质、晶格振动、电子运动等因素，所有这些电流信号都可以称为噪声。与噪声相关的主要指标是信噪比（SNR）和归一化检测率（D^*）。信噪比表示噪声和太赫兹信号之间的比例关系。归一化检测率表示为

$$D^* = \sqrt{A \frac{\Delta f}{\text{NEP}}} \qquad (2-29)$$

式中：A 为装置的有效检测面积；Δf 为放大器带宽；NEP 为噪声等效功率，定义为单位信噪比下入射光功率。D^* 越高，可检测性越好。

响应度分为电压响应度和电流响应度，分别为单位太赫兹辐射功率 P 下的电压 V 和电流 I 信号，分别表示为 $\frac{\mathrm{d}V}{\mathrm{d}P}$ 和 $\frac{\mathrm{d}I}{\mathrm{d}P}$。同时，还存在频率响应，表示为

$R(f) = \dfrac{R_0}{[1 + (2\pi f \tau)^2]^{\frac{1}{2}}}$。其中，$R(f)$ 是频率 f 处的响应；R_0 是频率为 0 处的响

应；τ 是探测器的响应时间，由材料和外部电路决定。其他指标包括极化性和相干性。

2.3.2 太赫兹探测器的主要类型

1. 光导天线探测器

光导天线可以产生太赫兹辐射，也可以用于探测太赫兹辐射。当光导天线检测太赫兹时，电极不需要偏压，但需要连接一个电流表来检测电流。太赫兹波通过光导天线硅透镜的一侧入射到半导体材料上，飞秒激光照射到半导体材料电极

的一侧产生载流子。当载波被太赫兹电场驱动并产生电流信号时，就可以检测到太赫兹波。但是，检测到的光电流信号并不是太赫兹波形，而是由入射太赫兹场和表面电导率共同决定的。基于光导天线的生成和检测，最典型的应用是构建太赫兹时域系统。

光导天线检测到的太赫兹信号是强度信号，但无法确定电场相位等信息。基于自由空间电光采样，太赫兹波和光脉冲（这里的光脉冲作为探测脉冲）均穿过光电（EO）晶体。当不存在太赫兹脉冲时，线偏振光脉冲的偏振方向不发生变化。当太赫兹脉冲入射到 EO 晶体上时，双折射会使探测脉冲产生椭圆偏振，首先通过 $\lambda/4$ 后，进一步转换为近似圆偏振的椭圆偏振；然后通过偏振棱镜将椭圆偏振光分解为两个不同强度的垂直分量，使光电探测器检测到强度差。强度差与太赫兹场幅值成正比，反映太赫兹场的相位信息。

2. 非线性混合外差和差频检测器

外差检测（也称为相干检测）是一种最初在无线电波和微波领域开发的检测方法。微弱的输入信号与一些非线性器件（如整流器）中的强本振波混合，然后检测产生的混频，通常是在滤除原始信号和本振频率之后。混频积的频率是信号和本振频率之和或差值。外差检测中，光检测器输出的电流不仅与信号光和本振光的光波振幅成正比，而且输出电流的频率和相位还与合成振动频率和相位相等。因此，外差检测不仅可检测振幅和强度调制的光信号，还可以检测频率调制及相位调制的光信号。这种在光检测器输出电流中包含有信号光的振幅、频率和相位的全部信息，是直接检测所没有的。

太赫兹辐射频率 W_s 与参考频率 W_0 相结合［参考频率由本机振荡器（LO）］产生确定频率和功率，将太赫兹辐射和参考辐射结合在一个非线性混频器中，产生一个频率和（$W_s + W_0$）和一个频率差（$W_s - W_0$），如图 2.23 所示。后者是太赫兹信号的下转换，通常在微波范围内。可以通过探测器（如基于肖特基势垒二极管的微波探测器）间接探测到。差频检测方法可以用于连续波太赫兹辐射的相干检测并可以确定相位。

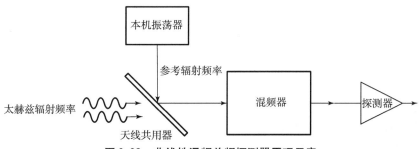

图 2.23　非线性混频差频探测器原理示意

光外差检测涉及光信号和本振波，而混合产物涉及电信号。混合产物不是通过在非线性晶体中混合信号和本振波获得的，而是简单地通过使用平方律光电探测器（通常是光电二极管）检测线性叠加波来获得。使用扩束器（或分束器）对准两个波束，使它们进行模式匹配，不仅强度会分布重叠，而且它们的波前在探测器上具有相同的曲率，因此只有两个光束在空间上相干，在整个探测器区域内的干涉条件才是均匀的。在光纤系统中，首先使用光纤耦合器代替分束器，并且所有光纤都是单模光纤，可能是保偏型；然后保证模式匹配，无须特殊对齐。

如果信号和本振功率与频率恒定，则光电流具有两种不同的频率分量：恒定（零频率）部分与本振和信号功率之和成正比；以差频振荡部分的振幅与信号和本振的电场幅度的乘积成正比。

3. 表面等离子体探测器

当入射太赫兹波矢量与材料表面等离子体波矢量满足匹配条件，太赫兹频率与材料表面等离子体频率满足匹配条件时，太赫兹场可以与材料表面等离激元相互作用，激发材料表面等离子体。这种相互作用可以通过设计适当的器件结构来检测，如场效应晶体管（FET）。这种表面等离子体检测器具有响应快、检出率高、灵敏度高、门电压可控等优点。

基于等离子体共振原理制备太赫兹探测器件的材料体系有多种，如基于Ⅲ－Ⅴ族材料的高电子迁移率晶体管、石墨烯二维材料等。与许多其他类型的室温太赫兹探测器相比，这些器件具有更高的探测灵敏度和更快的响应速度。同时，它们的制备工艺与目前常见的半导体生产工艺兼容，有利于器件的实用化和商业化开发。此外，人工超材料（超表面）结构是近年来新兴的研究热点之一，它通常由尺寸小于或等于特定波长的周期性排列组成。通过研究超材料的结构设计，可以对太赫兹波进行调制或吸收。超材料有望应用于各种表面等离子体元探测器，以进一步提高太赫兹的探测效率。

4. 热电（光热电）探测器

热电探测器利用塞贝克效应实现太赫兹探测，一般采用两种不同材料作为电极，或者材料相同但直径不同。此外，基于光热电效应的光热电探测器着重研究了光的热辐射特性。由于塞贝克系数的不同，两种不同电极材料之间或同一材料不同直径两端的温差会产生电位差。接收热辐射的介质是多种多样的（如石墨烯）。热电探测器具有体积小、耐用、价格低等优点，但一般反应速度慢，噪声大，灵敏度差。

热释电探测器基于热释电材料，表现出自发极化，其极化程度通常与温度有关。当太赫兹波的热量被热释电材料吸收后，材料的温度升高，从而改变材料上下表面的电场。热释电材料通常作为介质插入电容器中，因此可以通过测试电容器电性能的变化来监测太赫兹。热释电材料可以在室温下工作，结构紧凑、简单，但噪声较强，反应较慢，灵敏度仍较低。

5. 电子束缚态跃迁探测器

在低温下，电子与提供电子的原子结合，处于某些束缚态的电子可以吸收太赫兹光子并跃迁到高能态。该器件可通过掺杂本征半导体构建量子阱实现。太赫兹光使处于杂质束缚态的电子转变为非束缚态。受阱参数的影响，量子阱探测器属于窄带，但通过调整子带之间的跃迁能量，可以拓宽探测频率范围。这些器件的检测响应速度快，但量子效率低，而且需要低温环境。

第**3**章

太赫兹波导

波导传输技术和功能器件是太赫兹系统不可或缺的重要组成部分，波导的性能决定了太赫兹信号的传输效率和系统集成度。太赫兹波导不仅可以用来传输电磁波，也被用作传感元件和成像探针。太赫兹波传输性能主要由波导的插入损耗、材料吸收损耗以及波导的色散关系决定，如何减少插入损耗、降低材料吸收损耗以及合理控制色散关系是设计和制作太赫兹波导的关键。色散和损耗都依赖于结构设计和材料选择。在太赫兹频率范围内，常见的金属欧姆损耗较大，而聚合物和玻璃等非金属材料具有较大频率相关吸收损耗。

本章主要介绍不同类型的太赫兹波导，包括平面波导、光纤波导、矩形波导以及矩形波导到平面波导的转换耦合结构，讨论波导的数值计算方法以及制造工艺。

3.1 太赫兹平面波导

波导的传播特性取决于电磁波频率、波导的组成和形状，以及周围或边界介质的性质，这些因素都影响传播波的相位和振幅。波导的有效介质折射率表征波导中的不同电磁场传导模式。当波导周围物质的折射率发生变化时，将导致波导有效介质折射率的变化，传导模式的改变引起共振峰位的移动。这种性质可以用来检测波导周围物质的折射率。常用的太赫兹波导有平行板波导、微带线、共面波导等。

3.1.1 太赫兹波导理论

1. 金属腔和平行金属板波导

在太赫兹波传播过程中，主要有自由空间中太赫兹波与波导之间的耦合损耗，以及波导对太赫兹波的吸收、色散和损耗等问题。金属导体具有很高的电导率，太赫兹波可以在金属波导内表面发生全反射，实现模式传输。金属腔和金属平行平板波导都是采用准光学法将自由传输的太赫兹波有效耦合到金属波导内实现传输。

平行平板波导（Parallel Plate Waveguide，PPWG）通常由两个独立的、平行的光滑金属板组成，支持横电磁（Transverse Electric and Magnetic Field，TEM）模式，由于金属在太赫兹频率范围内存在相对较高的电导率，因此电磁损耗非常低。同时 PPWG 的 TEM 模式容易耦合到自由空间。平行平板波导结构如图 3.1 所示，在两平行平板之间传输 TEM 模式，群速度色散非常小，从而抑制脉冲展宽，脉冲失真小，信噪比高。由理论和实验证明，相比于 TEM 模或者 TM 模，低阶 TE 模更适合在太赫兹波导内传输，而且损耗更低，耦合效率更高。

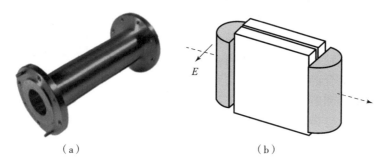

图 3.1 太赫兹金属管波导和平行板波导

（a）太赫兹金属管波导；（b）平行板波导

2. THz 金属线波导

金属线波导具有低损耗、低色散等优点。Mittleman 等指出，用不锈钢金属线来传输太赫兹波，其色散更低，平均损耗系数小于 0.03 cm^{-1}。基于太赫兹波在金属线波导中传播的理论，实现太赫兹波导无色散且低传输损耗，其试验装置如图 3.2 所示。Cao 等采用半径为 0.45 mm 的铜线实现了在 0.1～1 THz 频率范围内衰减系数小于 0.002 cm^{-1}。Wachter 等对裸金属线和具有介质涂覆金属线中太赫兹表面波脉冲进行了研究，确定了 0.02 ~ 0.04 THz 内的频率依赖色散和色散参数。

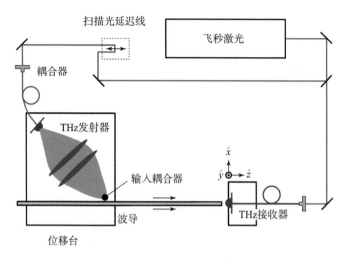

图 3.2　裸金属线试验装置

　　微带线（Microstrip Line，MSL）是一种双导体传输系统，是最常用的传输线之一，其基本结构如图 3.3 所示。微带线具有易加工，易与其他无源电路和有源电路集成等优点。微带线虽然可以视为由双平行传输线演变而来，但微带线传输场大部分集中在导体带和金属接地板之间的介质内。存在于微带线的场是一种混合的波场，由于空气与介质表面

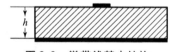

图 3.3　微带线基本结构

传播方向的电场和磁场分量相对于基片区域中的场要小，微带传输模式与 TEM 模相差很小，故称为准 TEM 模。准 TEM 模的特点是满足微带导体与介质界面的边界条件，存在色散效应。其纵向场分量与工作频率相关性较大，当工作频率降低时，色散强度减弱，对应的纵向场分量变小，此时准 TEM 模就趋近于 TEM 模。反之，当工作频率升高时，色散强度增强，对应的纵向场分量变大，此时微带传输线中除了准 TEM 模外，还会存在波导型高次模和表面波型高次模。

　　在使用静态场进行传输特性分析时，常用的方法有静态分析法、色散模型法和全波分析法。静态分析法是将微带线中的传输模看成纯 TEM 模，通过求结构的分布电容来求解特性参数。色散模型法是考虑高次模的影响，通过找出色散规律来求出微带线的特性参数。全波分析法是将传输模按混合模处理，通过解波动方程边值问题的方法来求解微带的色散特性和模态分布情况。通过静态分析法将微带上的传输模等效为 TEM 模，通过引入相对介电常数 ε_r 的均匀介质来代替原

微带线中的混合介质。传输线的相速v_p和特性阻抗Z_0分别可以表示为

$$v_p = \frac{1}{\sqrt{L_0 C_0}} \tag{3-1}$$

$$Z_0 = \sqrt{\frac{L_0}{C_0}} = \frac{1}{v_p C_0} \tag{3-2}$$

式中：L_0和C_0分别为传输线的分布电感和分布电容。

特性阻抗为入射波电压与入射波电流之比；相速表示电磁波在传输线上的行进速度。当传输线全部处于相对介电常数为ε_r的介质中时，有

$$v_p = \frac{c}{\sqrt{\varepsilon_r}} \tag{3-3}$$

当微带线厚度接近零时，其特性阻抗可以表示为

$$Z_0 = \frac{\eta_0}{2\pi\sqrt{\varepsilon_r}} \ln\left[\frac{f(u)}{u} + \sqrt{1 + \left(\frac{2}{u}\right)^2}\right] \tag{3-4}$$

$$f(u) = 6 + (2\pi - 6)\, e^{-\left(\frac{30.666}{u}\right)^{0.7528}} \tag{3-5}$$

$$u = \frac{w}{h} \tag{3-6}$$

式中：w表示微带线线宽；h表示介质基板厚度。

具有一定厚度t的微带线特性阻抗可以表示为

$$Z_0 = \frac{42.4}{\sqrt{\varepsilon_r + 1}} \ln\left\{1 + \left(\frac{4h}{w_e}\right)\left[\left(\frac{14 + \dfrac{8}{\varepsilon_r}}{11}\right)\left(\frac{4h}{w_e}\right) + \sqrt{\left(\frac{14 + 8/\varepsilon_r}{11}\right)^2 \left(\frac{4h}{w_e}\right)^2 + \frac{1 + \dfrac{1}{\varepsilon_r}}{2}\pi^2}\right]\right\} \tag{3-7}$$

式中：w_e为微带线的有效宽度。

由于频率升高时，微带线中会存在波导型和表面波型高次模，而且表面波在微带线工作的任何频率范围内均不能被完全抑制，因此为了减小表面波型高次模对微带传输模式的干扰，所设计的微带传输线工作频率须低于微带线中 TEM 波与表面波最低波型之间发生强耦合时对应的频率：

$$f_T = \frac{c}{2\pi h}\sqrt{\frac{2}{\varepsilon_r - 1}}\arctan\varepsilon_r \tag{3-8}$$

为了防止波导型高次模的出现，微带的尺寸应该满足

$$2(w + 0.4h) < \frac{\lambda_{min}}{\sqrt{\varepsilon_r}} \tag{3-9}$$

$$2h < \frac{\lambda_{min}}{\sqrt{\varepsilon_r}} \tag{3-10}$$

式中：λ_{min} 为最短工作波长。

3. 太赫兹光子晶体波导

太赫兹光子晶体波导是一种基于光子晶体的太赫兹波导，它可以在太赫兹频率范围内实现低损耗的信号传输。光子晶体是一种具有周期性结构的材料，它的结构可以通过调整周期性的介电常数分布来控制电磁波的传播性质。太赫兹光子晶体波导利用这种特性，通过设计合适的结构来实现太赫兹波的传输和控制。相比传统的太赫兹波导，太赫兹光子晶体波导具有以下优点：①低损耗：光子晶体波导的结构可以被精确地设计，从而实现低损耗的信号传输；②高品质因子：光子晶体波导的品质因子可以达到很高的水平，从而实现高灵敏度的传感器和滤波器；③可调性：通过调整光子晶体波导的结构，可以实现太赫兹波的调制和调制器件的制备。

太赫兹光子晶体波导主要基于禁带原理实现对太赫兹波的传输和控制，光子晶体的禁带是指一定范围内的频率不能被传播。当光子晶体中的周期性介电常数分布的周期与光的波长相等时，光子晶体中会出现布拉格反射，从而形成一个频率范围内的反射峰。在这个频率范围之外，光子晶体中不存在布拉格反射，因此光不能在这个频率范围内传播，并形成禁带。禁带的宽度取决于光子晶体的周期性结构和介电常数分布，可以通过调整光子晶体的结构和材料参数来控制。利用光子晶体禁带原理，太赫兹光子晶体波导已经被广泛应用于太赫兹通信、成像、传感等领域。

Zhang 等设计了一种硅基二维光子晶体波导，数值模拟了太赫兹多模干涉效应和自成像原理在二维硅光子晶体波导中的适用性。Ponseca 等在太赫兹区域分析了透镜导管和 Cytop 平面光子晶体波导的传输特性。透镜导管能够将太赫兹辐射引导和耦合到 PMMA 光纤中，损耗约为 0.7 dB。使用中心频率为 0.45 THz 的 Cytop 平面光子晶体波导实现了单模传播和频率选择特性。他们通过不同尺寸波导之间传输带的频移证明了存在光子带隙引导机制。

在光子晶体设计中有如下四种方法来控制传播模式。

（1）基于光子晶体晶格重排的方法，控制导模频率的一种直接方法是减小波导宽度。通过将围绕单线缺陷的两个光子晶体阵列，沿 x 轴方向彼此移动来实现，如图 3.4(a)和(b)所示。Marko Lončar 等发现，随着波导宽度的减小，光子晶体波导的两种模式向更高的频率移动。由于模式 1 移到更接近间隙中间频率的位置，因此减小了与由于泄漏而进入光子晶体线缺陷相关的损失。

（2）控制导模位置的另一方法如图 3.4(d)所示。通过将光子晶体的两个区域沿最近相邻方向分开，按偏移量 $d = La$ 排列。其中，L 是实数，a 为晶格常数。对于 $L = 1$，可以形成单线缺陷波导，而对于 $0 < L < 1$，可以形成比单线缺陷更窄

的波导。在这种结构中，可以在不引入线缺陷的情况下产生尖锐的60°弯曲。

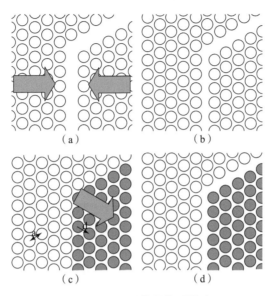

（a）　　　　　　　　（b）

（c）　　　　　　　　（d）

图 3.4　光子晶体晶格重排法

（3）基于孔大小变化的方法。这种方法是由 Adibi 等提出的，并由 Adibi 等进行了二维分析，主要是将与波导相邻的两排孔的孔半径进行修改，该波导具有相当复杂的能带结构，并且由于改变了 3 排孔的性质而存在许多模式。因此，它可能不是有效控制带隙内模式位置的良好选择。此外，这种波导在尖角处的传输效率会降低，因为在尖角处增加了垂直损耗。相比前两种方法，这种结构的优点是没有孔被移动，与正常波导具有相同的对称性，因此，该结构可以用于制造60°弯曲和120°弯曲。

（4）最后一种方法是在线缺陷波导处加一排孔，使太赫兹波沿着这排孔进行传输。该结构不支持任何受体类型模式，因为没有移动空穴。唯一的扰动是孔洞尺寸的减小，因此，由于与高介电常数材料的重叠增加，只有来自空气带的模式被拉入带隙。最后，任何类型的腔与这种类型的波导的集成是非常容易的，因为正常波导的完全对称性被保留了。

4. 太赫兹共面波导

共面波导（Coplanar Waveguide，CPW）在高频段具有相对较低的辐射损耗和优良的高阶模抑制效果，现在已被用于传输太赫兹波。共面波导能量损耗非常低，所以芯片上集成度高，面积更小。Park 等提出了一种使用亚微米间隙 CPW 结构增强太赫兹频率范围内目标材料指纹检测的新方法，选择 α - 乳糖作为示例目标材料，并使用 Drude – Lorentz 函数对 α – 乳糖的介电常数进行建模。由 CPW 附近的电场分布及其约束表明，减小 CPW 的槽宽有效地增强了约束在 CPW 槽内的电场。同时通过将 CPW 槽宽度从 20 μm 减小到 0.5 μm，α – 乳糖在 530 GHz 的太赫兹吸收可以提高 14 倍。

共面波导结构是中心一根导体带加分布在两边的接地板构成，典型结构如图 3.5 所示。共面波导能量主要集中于结构的两个间隙中，因此其能量损耗非常低，使得相邻的共面波导间具有良好的屏蔽，芯片面积更小，同时也具有比其他传输线更小的色散特性。由于相邻的共面波导之间有接地板的分隔，相互耦合干扰较低，故共面波导集成的电路可以更加密集。共面波导是非平衡传输线，可以支持准 TEM 模（主模）及耦合槽线模式（寄生模）传播。

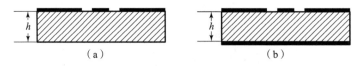

图 3.5 共面波导结构

假设导体和衬底是无耗的，那么，对于常规共面波导，其特性阻抗计算公式为

$$Z_0 = \frac{30\pi}{\sqrt{\dfrac{(1+\varepsilon_r)}{2}}} \frac{K(k_0')}{K(k_0)} \quad (3-11)$$

式中：ε_r 为介质的相对介电常数；k_0 和 k_0' 是由共面波导的几何结构决定的常数，其计算公式为

$$k_0 = \frac{s}{s+2w} \quad (3-12)$$

$$k_0' = \sqrt{1-k_0^2} \quad (3-13)$$

$$K(k) = \int_0^{\frac{\pi}{2}} \mathrm{d}\theta / \sqrt{1-k^2\sin^2\theta} \quad (3-14)$$

式中：s 为中心导带宽度；w 为中心导带与接地板间隙宽度。

可以构建如图 3.6 所示的共面波导分布参数模型对其传输特性进行定性分析。根据传输线方程，频域电压和电流由传播常数 γ 和特征阻抗 Z 决定。特征阻抗和传播常数由 4 个分布参数 R、L、C 和 G 表示。特征阻抗和传播常数与 S 参数的关系如下：

$$Z^2 = Z^2 \frac{(1+S_{11})^2 - S_{21}^2}{(1-S_{11})^2 - S_{21}^2} \quad (3-15)$$

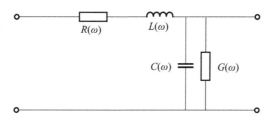

图 3.6　共面波导分布参数模型

$$\tanh^2 \gamma \, \frac{l}{2} = \frac{\dfrac{1 + S_{11} - S_{21}}{1 - S_{11} + S_{21}}}{\dfrac{1 + S_{11} + S_{21}}{1 - S_{11} - S_{21}}} \tag{3-16}$$

结合等式

$$\gamma = \sqrt{(R + j\omega L)(G + j\omega C)} = \alpha + j\beta \tag{3-17}$$

$$Z = \sqrt{\frac{(R + j\omega L)}{(G + j\omega C)}} \tag{3-18}$$

可以得出

$$R = \mathrm{Re}\{\gamma Z\}, \ L = \mathrm{Im}\{\gamma Z\}/\omega, \ G = \mathrm{Re}\{\gamma/Z\}, \ C = \mathrm{Im}\{\gamma/Z\}/\omega \tag{3-19}$$

在共面波导中，由于电导 G 的值很低，不超过 0.006 S/mm，所以对于芯片级尺寸来说可以忽略不计。

3.1.2　太赫兹平面波导的加工制备

平面波导中的金属结构对其电磁波传输特性具有决定性作用，所以金属结构的设计和制作至关重要。根据波段的不同，加工的难易程度也不同。例如，微波波段波长较大，器件尺寸也较大，易于加工。太赫兹频段的器件主要在微米级，加工也存在一定难度。接下来介绍几种比较成熟的加工工艺。

1. 电子束光刻

电子束光刻（EBL）是一种扫描电子聚焦束，以在被称为抗蚀剂（曝光）的电子敏感膜覆盖的表面上绘制自定义形状的实践。电子束改变了抗蚀剂的溶解性，通过将其浸入溶剂中（显影），可以选择性地除去抗蚀剂的已曝光或未曝光区域。与光刻一样，其目的是在抗蚀剂中形成非常小的结构，然后可以通过蚀刻将其转移到衬底材料上。

通常，MEMS 工艺中的电子束光刻的主要流程依次为基片表面预处理、涂覆光刻胶、前烘、电子束曝光、显影、定影、金属沉积及去胶等工艺环节。整个光刻工艺流程较为复杂，其流程示意如图 3.7 所示。

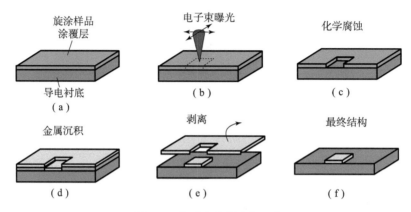

图 3.7　电子束光刻流程示意

2. 刻蚀工艺

刻蚀是使用化学或者物理方法有选择地从硅片表面去除不需要材料的过程，常用的设备为刻蚀机等。通常的晶圆加工流程中，刻蚀工艺位于光刻工艺之后，有图形的光刻胶层在刻蚀中不会受到腐蚀源的显著侵蚀，从而完成图形转移的工艺步骤。刻蚀工艺主要分为两种：干法刻蚀和湿法刻蚀。

（1）干法刻蚀。干法刻蚀是通过等离子气与硅片发生物理或化学反应（或结合物理、化学两种反应）的方式将表面材料去除。主要用于亚微米尺寸下刻蚀，由于其具有良好的各向异性和工艺可控性，因此被广泛应用于芯片制造领域。

（2）湿法刻蚀。湿法刻蚀是将被刻蚀材料浸泡在腐蚀液内进行腐蚀的技术，这是各向同性的刻蚀方法，利用化学反应过程去除待刻蚀区域的薄膜材料。通常 SiO_2 采用湿法刻蚀技术，有时铝也采用湿法刻蚀技术。

3. 激光直写技术

激光直写技术是一种无须掩模、适用面广、性价比高的微纳米加工手段，目前已经广泛应用于微机电系统、掩模板、微流控、微纳光学器件、超材料等微纳米制造领域。激光直写技术是通过聚焦镜将激光束聚焦到基片表面的光刻胶上对其进行曝光，由计算机控制激光直写路径，并且由计算机控制精密平移台移动，从而控制激光器的曝光区域来获得所需要的图形结构。激光直写技术可用来制备二维光学器件，也可以用于直接制备三维微结构。激光直写的优点在于曝光效率相对较高，对加工环境要求也相对较低，不像光刻的环境那样苛刻。

4. 激光诱导化学镀方法

激光诱导化学镀方法的工艺流程包括表面处理、涂胶、激光直写、清洗和化学镀铜五个步骤。除了流程的简洁性，同时该方法无须掩模，对环境要求低，可在常温下操作，因此生产成本也较低。激光诱导化学镀的原理是利用激光曝光在涂覆有 $AgNO_3$ 胶体的聚合物材料表面沉积金属银，然后进行化学镀实现铜镀层的沉积。激光诱导化学镀由于其简便、灵活、成本低等优势逐渐受到青睐。

3.1.3　太赫兹平面波导结构设计

基于上述波导理论，本节介绍几种不同频段的平面波导设计及其传输特性。

1. G 波段共面波导仿真设计

我们设计的共面波导工作频率范围为 G 波段（220～320 GHz），常用于此频段的基板有 Rogers 5880、石英、陶瓷等。考虑到电路中的损耗，通常选用介电常数较低的基板，以减小损耗。同时，为了抑制波导高次模的产生，采取厚度较小的基板。本设计在软件中的结构如图 3.8 所示。

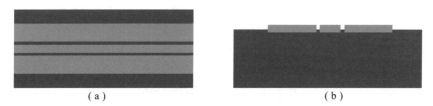

（a）　　　　　　　　　　　　　　（b）

图 3.8　G 波段共面波导仿真模型

该结构由 40 μm 石英基底（$\varepsilon = 3.75$，$\mu = 1$）表面刻蚀的信号线和两条地线组成。其中，接地板、信号线和地线材料均为金且厚度 $c = 0.4$ μm；信号线宽为 36 μm，地线宽为 78 μm，信号线与地线间隙为 4 μm，中心频率设置为 272.5 GHz。仿真结果如图 3.9 所示，由图可知，该结构在 220～325 GHz 全波段回波损耗高于 50 dB，插入损耗低于 0.07 dB，计算可得结构波端口阻抗为 50 Ω，满足设计要求。

2. Y 波段平面 Goubau 线仿真设计

设计的平面 Goubau 线工作频率范围为 Y 波段（325～500 GHz）。使用了 500 μm × 300 μm × 100 μm 的石英基底（$\varepsilon_r = 3.75$），在石英基底上设计长为 500 μm，宽为 w，金属材料为金，平面 Goubau 线（Planar Goubau Line，PGL）结构仿真模型如图 3.10 所示。

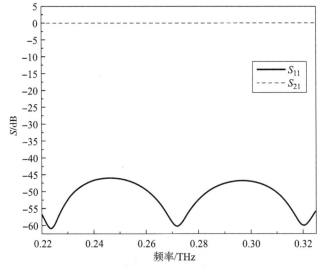

图 3.9　G 波段共面波导插入损耗仿真结果示意

（a）　　　　　　　　　　　（b）

图 3.10　Y 波段 PGL 仿真模型

由图 3.11 所示可知，在 325 ~ 500 GHz 频率范围内，传输线宽度不同，插入的损耗也不同，且随着传输线宽度（w）的增加，插入损耗呈现减少的趋势。同时考虑到加工工艺难度，选择 $w = 5$ μm 的传输线。

3. Y 波段基于平面 Goubau 线开环谐振结构仿真设计

该波段使用了 500 μm × 300 μm × 100 μm 的石英基底（$\varepsilon_r = 3.75$），在石英基底上设计长为 500 μm、宽为 5 μm 的 PGL，金属材料为金。波端口直接耦合到 PGL 上以生成和检测太赫兹信号，整体结构如图 3.12 所示。仿真中设计的结构参数如表 3.1 所示，可通过调整结构参数优化传感性能。结构电场最大幅值图如图 3.13 所示，由图可知，在开环谐振器（Split Ring Resonators，SRR）开口处可以实现电场局部增强。

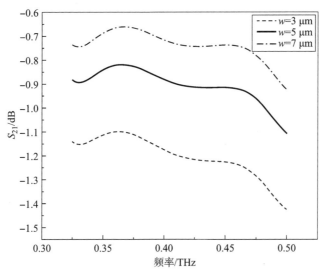

图 3.11　Y 波段 PGL S_{21} 参数—频率曲线

图 3.12　太赫兹 Y 波段加载 SRR 的 PGL 波导结构示意

表 3.1　Y 波段加载 SRR 的 PGL 波导结构参数

参数名称	参数值	参数名称	参数值
基底厚度	100 μm	SRR 与 PGL 间的距离	2 μm
PGL 长度	500 μm	SRR 线宽	5 μm
PGL 宽度	5 μm	金属厚度	300 nm
SRR 外围半径	40 μm	开口电容间隙	4 μm

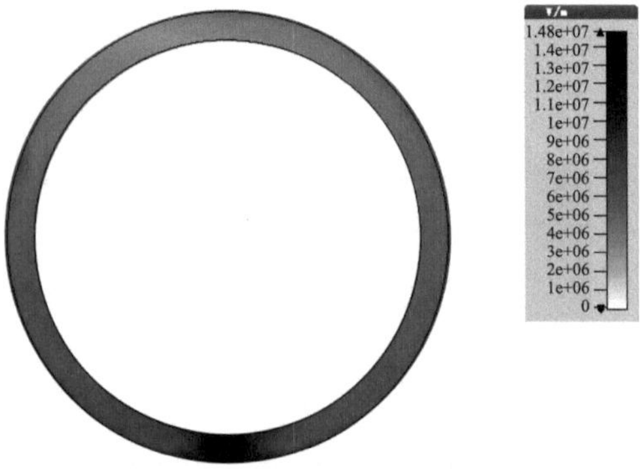

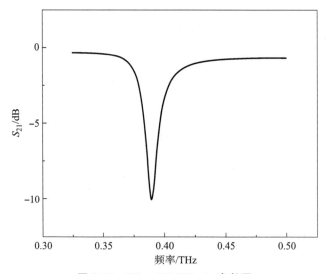

图 3.13　结构电场最大幅值图

通过优化设计 SRR 的相关参数，使 S_{21} 透射曲线谐振峰出现在 325 ~ 500 GHz 范围内，如图 3.14 所示。

图 3.14　220 ~ 500 GHz S_{21} 参数图

4. 光子晶体波导仿真设计

太赫兹光子晶体波导仿真设计的频率范围在 0.77 ~ 1 THz，计算的光子晶体传输特性结构如图 3.15（a）所示，材料选用折射率为 3.18 的硅材料，硅基板上有 2 × 19 个空气孔，周期为 100 μm，孔半径为 45 μm。仿真时对 x 轴方向两侧添加周期性边界条件，在 y 轴方向两侧添加端口边界条件，得到 0.81 THz 时的传输模态如图 3.15（b）所示。由图可以看到，TE 平面波几乎无损耗地通过结构的线缺陷传输，验证了太赫兹光子晶体波导的低损耗传输特性。

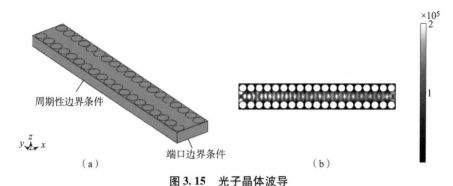

周期性边界条件

端口边界条件

（a）

（b）

图 3.15　光子晶体波导

（a）结构图；（b）0.81 THz 传输模态示意

图 3.16 所示中的 S_{21} 和 S_{11} 反映了太赫兹波的传输特性。由图可以看到，在 0.81~0.97 THz 频段，S_{21} 接近 0，S_{11} 表明仍然有波反射回去，这主要是由于平行的波矢量不满足全内反射定理导致的，通过调整结构周期，阵列形状可以改善这些损耗。在光子晶体板中存在两种光学模式："波导模式"和"垂直模式"。通过满足垂直方向的全内反射，板模被限制在二维光子晶体板平面内。相反，竖向模态不满足全内反射条件，泄漏出波导。这意味着二维光子晶体可以有效地用于控制太赫兹波。通过调整结构周期，阵列形状也可以有效限制这种自发模式。当光子晶体的晶格常数等于介质中的波长时，达到谐振状态，以共振态入射到光子晶体板面上的太赫兹波被捕获在光子晶体内，激发出面内共振模式。

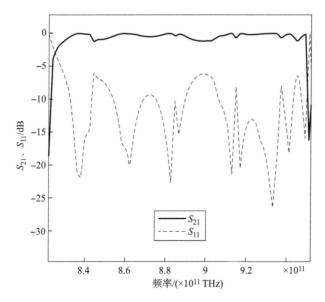

图 3.16　S_{21} 和 S_{11} 太赫兹波传输特性曲线

3.2 太赫兹波导转换接口

在太赫兹系统以及传感应用中的太赫兹波导传输器件主要有矩形波导、共面波导以及微带线等，但是，太赫兹源和测试仪器如矢量网络分析仪等的接口形式主要是矩形波导端口。因此，矩形波导与其他波导的转换过渡结构是太赫兹系统的关键部件之一。常见的波导过渡技术主要有三种：脊波导式过渡、探针式过渡和对脊鳍线式过渡。但由于制作工艺和测试设备的限制，现有过渡结构的研究频段普遍低于 300 GHz 且带宽较短，目前还不能满足高频段的应用需求。

3.2.1 太赫兹波导传输理论

1. 矩形波导基本理论

矩形波导结构如图 3.17 所示，它由截面为矩形的空心金属管构成。图中，a、b 分别表示波导内壁宽边和窄边的尺寸。矩形波导具有结构简单、机械强度大、抗干扰和辐射能力强、传输损耗低、功率容量大等优点。目前被广泛应用在大中功率微波系统中。

由于矩形波导为单导体的空心结构，故不可能存在 TEM 模，只能存在 TE 模或 TM 模，属于色散波导系统且传统电路理论中的电压和电流将

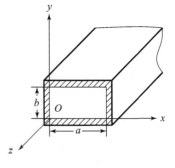

图 3.17 矩形波导结构示意

难以定义，所以对矩形波导最合适的分析方法是根据麦克斯韦方程组和相关边界条件进行求解。由于矩形波导在不同尺寸、不同频段的传输情况不同，所以在行业内，矩形波导器件的尺寸主要按照国际标准（表 3.2）来执行。表中所列为太赫兹频段矩形波导规格。在本章中，矩形波导均按照此标准进行仿真设计和加工。

表 3.2　太赫兹频段矩形波导规格

频带	波导标准	频率限制/GHz	内部尺寸/mm
W 波段	WR-10	75~110	2.54×1.27
F 波段	WR-8	90~140	2.032×1.016

续表

频带	波导标准	频率限制/GHz	内部尺寸/mm
D 波段	WR - 6	110 ~ 170	1. 651 × 0. 825 5
G 波段	WR - 5	140 ~ 220	1. 295 4 × 0. 647 7
	WR - 4	170 ~ 260	1. 092 2 × 0. 546 1
	WR - 3	220 ~ 325	0. 863 6 × 0. 431 8
Y 波段	WR - 2	325 ~ 500	0. 508 × 0. 254
	WR - 1. 5	500 ~ 750	0. 381 × 0. 190 5
	WR - 1	750 ~ 1 100	0. 254 × 0. 127

2. 矩形波导的场分量

矩形波导中的电磁场满足麦克斯韦方程组,当波导金属壁为理想导电条件时,系统边界上的电场切向分量为零,电导率趋近于无穷大。首先可以利用金属边界上电场切向分量等于零的条件确定解的系数,矩形波导中导行波的各场分量的表达式就可以分别解出。此时有无穷多个解满足边界条件,但线性组合仍然是波动方程的解,因此对于 TE 模矩形波导中各场分量的一般表达式为

$$\begin{cases} H_x = \sum_{m=0}^{\infty} \sum_{n=0}^{\infty} \frac{\mathrm{j}\beta}{k_c^2} \frac{m\pi}{a} H_{mn} \sin\left(\frac{m\pi}{a}x\right) \cos\left(\frac{n\pi}{b}y\right) \mathrm{e}^{\mathrm{j}(\omega t - \beta z)} \\ H_y = \sum_{m=0}^{\infty} \sum_{n=0}^{\infty} \frac{\mathrm{j}\beta}{k_c^2} \frac{n\pi}{b} H_{mn} \cos\left(\frac{m\pi}{a}x\right) \sin\left(\frac{n\pi}{b}y\right) \mathrm{e}^{\mathrm{j}(\omega t - \beta z)} \\ H_z = \sum_{m=0}^{\infty} \sum_{n=0}^{\infty} H_{mn} \cos\left(\frac{m\pi}{a}x\right) \cos\left(\frac{n\pi}{b}y\right) \mathrm{e}^{\mathrm{j}(\omega t - \beta z)} \\ E_x = \sum_{m=0}^{\infty} \sum_{n=0}^{\infty} \frac{\mathrm{j}\omega\mu}{k_c^2} \frac{n\pi}{b} H_{mn} \cos\left(\frac{m\pi}{a}x\right) \sin\left(\frac{n\pi}{b}y\right) \mathrm{e}^{\mathrm{j}(\omega t - \beta z)} \\ E_y = \sum_{m=0}^{\infty} \sum_{n=0}^{\infty} \frac{-\mathrm{j}\omega\mu}{k_c^2} \frac{m\pi}{a} H_{mn} \sin\left(\frac{m\pi}{a}x\right) \cos\left(\frac{n\pi}{b}y\right) \mathrm{e}^{\mathrm{j}(\omega t - \beta z)} \\ E_z = 0 \end{cases} \tag{3-20}$$

TM 模矩形波导中的各场分量表示为

$$
\begin{cases}
E_x = \sum_{m=0}^{\infty} \sum_{n=0}^{\infty} \frac{-\mathrm{j}\beta}{k_c^2} \frac{m\pi}{a} E_{mn} \cos\left(\frac{m\pi}{a}x\right) \sin\left(\frac{n\pi}{b}y\right) \mathrm{e}^{\mathrm{j}(\omega t - \beta z)} \\[2mm]
E_y = \sum_{m=0}^{\infty} \sum_{n=0}^{\infty} \frac{-\mathrm{j}\beta}{k_c^2} \frac{n\pi}{b} E_{mn} \sin\left(\frac{m\pi}{a}x\right) \cos\left(\frac{n\pi}{b}y\right) \mathrm{e}^{\mathrm{j}(\omega t - \beta z)} \\[2mm]
E_z = \sum_{m=0}^{\infty} \sum_{n=0}^{\infty} E_{mn} \sin\left(\frac{m\pi}{a}x\right) \sin\left(\frac{n\pi}{b}y\right) \mathrm{e}^{\mathrm{j}(\omega t - \beta z)} \\[2mm]
H_x = \sum_{m=0}^{\infty} \sum_{n=0}^{\infty} \frac{\mathrm{j}\omega\varepsilon}{k_c^2} \frac{n\pi}{b} E_{mn} \sin\left(\frac{m\pi}{a}x\right) \cos\left(\frac{n\pi}{b}y\right) \mathrm{e}^{\mathrm{j}(\omega t - \beta z)} \\[2mm]
H_y = \sum_{m=0}^{\infty} \sum_{n=0}^{\infty} \frac{-\mathrm{j}\omega\varepsilon}{k_c^2} \frac{m\pi}{a} E_{mn} \cos\left(\frac{m\pi}{a}x\right) \sin\left(\frac{n\pi}{b}y\right) \mathrm{e}^{\mathrm{j}(\omega t - \beta z)} \\[2mm]
H_z = 0
\end{cases} \tag{3-21}
$$

式中：$k_c = \sqrt{\left(\dfrac{m\pi}{a}\right)^2 + \left(\dfrac{n\pi}{b}\right)^2}$，为矩形波导的截止波数。

由上述方程可以看出，矩形波导的场分量的每一组解代表一种特定的场结构，也就对应一种特定的模式，m、n 为传播模式的特征值，分别代表电磁波沿 x 轴和 y 轴方向分布的半波个数。一组 m 和 n 对应一种传输模，但 m 和 n 不能同时为零，否则，场分量全部为零。通常场分布在横截面上的称为驻波；分布在纵向上的称为行波。矩形波导中的 TE 模和 TM 模有无数个，最低次模分别为 TE_{10} 模和 TM_{11} 模。

3. 矩形波导的传输特性

根据矩形波导的截止波数，可以计算出矩形波导的截止波长 λ_c：

$$
\lambda_c = \frac{2}{\sqrt{\left(\dfrac{m}{a}\right)^2 + \left(\dfrac{n}{b}\right)^2}} \tag{3-22}
$$

由式（3-22）可以得出，矩形波导的截止波长不只与其尺寸 a、b 相关，还与其传播波形的 m、n 有关。波导中截止波长最长的模称为最低模或主模、基模。波导中不同模式的截止波长不同，只有满足 $\lambda < \lambda_c$ 的模才可以传播。

相速指电磁波的等相位面沿波导轴向移动的速度，TE 模和 TM 模的相速为

$$
v_p = \frac{\omega}{\beta} = \frac{c}{\sqrt{1 - \left(\dfrac{\lambda}{\lambda_c}\right)^2}} \tag{3-23}
$$

群速是许多频率组成的波群的速度，表征了电磁波能量的传播速度。其一般可表示为

$$v_g = \frac{d\omega}{d\beta} = \frac{c^2}{v_p} = c \sqrt{1 - \left(\frac{\lambda}{\lambda_c}\right)^2} \qquad (3-24)$$

由式（3-23）和式（3-24）可以看出，随着频率 f 的变化，相速和群速都会跟随着变化，该现象称为色散。因此 TE 模与 TM 模均为色散波，而 TEM 模无色散。

在波导中，电磁波的等相位面在一个时间周期 T 内移动的距离称为波导波长或相波波长，用 λ_g 表示，它与相移常数 β 的关系为

$$\lambda_g = v_p T = \frac{2\pi}{\beta} = \frac{\lambda_o}{\sqrt{1 - \left(\frac{\lambda}{\lambda_c}\right)^2}} \qquad (3-25)$$

波导中某波形的横向电场与磁场之比称为该波形的波阻抗：

$$\eta = \frac{E_x}{H_y} = -\frac{E_y}{H_x} \qquad (3-26)$$

TE 模的波阻抗为

$$\eta_{TE} = \frac{\eta_e}{\sqrt{1 - \left(\frac{\lambda}{\lambda_c}\right)^2}} = \eta_e \frac{\lambda_g}{\lambda} \qquad (3-27)$$

TM 模的波阻抗为

$$\eta_{TM} = \eta_e \sqrt{1 - \left(\frac{\lambda}{\lambda_c}\right)^2} = \eta_e \frac{\lambda}{\lambda_g} \qquad (3-28)$$

式中：$\eta_e = \sqrt{\frac{\mu}{\varepsilon}}$，表示有介质的波阻抗。如果波导内腔中为空气或真空环境，那

么自由空间的波阻抗为 $\eta_e = \eta_0 = \sqrt{\frac{\mu_0}{\varepsilon_0}} = 377 \ \Omega$。

矩形波导中一般认为主模为 TE_{10} 模，截止波长 $\lambda_c = 2a$，式（3-27）可以计算出波阻抗为

$$Z_{TE_{10}} = \eta_{TE} = \frac{\eta_e}{\sqrt{1 - \left(\frac{\lambda}{2a}\right)^2}} \qquad (3-29)$$

由式（3-29）可以得出，对于 TE_{10} 模，波阻抗仅受波导宽边 a 影响。如果 a 相同 b 不同的两段矩形波导相连将不会产生反射，这与实际情况不符。因此，矩形波导作为一种传输线，特性阻抗不能等同于波阻抗。为了处理波导有关匹配及转换问题，引入波导等效特性阻抗概念。

波导的等效特性阻抗有三种定义方法，分别为电压功率定义 Z_{OVP}、电流功率定义 Z_{OIP} 和电压电流定义 Z_{OUI}。这三种等效特性阻抗可以表示为

$$\begin{cases} Z_{\text{OVP}} = \dfrac{2b}{a} Z_{\text{TE}_{10}} \\[3mm] Z_{\text{OIP}} = \dfrac{\pi^2}{8} \dfrac{b}{a} Z_{\text{TE}_{10}} \\[3mm] Z_{\text{OUI}} = \dfrac{\pi}{2} \dfrac{b}{a} Z_{\text{TE}_{10}} \end{cases} \quad (3-30)$$

Southworth 认为，选取 Z_{OVP} 作为特性阻抗可使反射系数接近真值。

4. 阻抗匹配基本原理

对一段足够小长度 dz 的传输线，认为该段上电流和电压的分布是均匀的，可使用基尔霍夫电流定律和基尔霍夫电压定律来分析共面波导的传输特性。图 3.18 所示为长度为 dz 的传输线的等效电路图。其中，R_1、L_1、G_1 和 C_1 分别代表单位长度分布的电阻、电感、电导和电容。

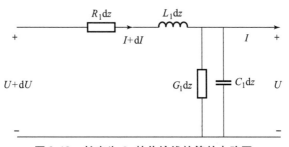

图 3.18　长度为 dz 的传输线的等效电路图

根据基尔霍夫定律可得

$$I + dI - I = U(G_1 dz + j\omega C_1 dz) \quad (3-31)$$

由于 $I \gg dI$，通过式（3-30）和式（3-31），可得

$$\frac{dU}{dz} = I(R_1 + j\omega L_1) \quad (3-32)$$

$$\frac{dI}{dz} = U(G_1 + j\omega C_1) \quad (3-33)$$

式（3-32）和式（3-33）两边对 z 求导数，可得

$$\frac{d^2U}{dz^2} = U(G_1 + j\omega C_1)(R_1 + j\omega L_1) \quad (3-34)$$

$$\frac{d^2I}{dz^2} = I(G_1 + j\omega C_1)(R_1 + j\omega L_1) \quad (3-35)$$

令 $\gamma = \sqrt{(G_1 + j\omega C_1) \times (R_1 + j\omega L_1)} = \alpha + j\beta$，其中，$\gamma$ 表示传播常数；α 和 β 分别表示传输线的损耗和相移。传输线的损耗主要由三部分组成：导体损耗、介

质损耗和辐射损耗。

令 $Z_c = \sqrt{(R_1 + j\omega L_1)/(G_1 + j\omega C_1)}$，表示特性阻抗。其作为传输线最重要的性能指标之一，表示传输线上行波电压与行波电流之比。

Z、γ、l 分别表述传输线的特性阻抗、传播常数以及长度，传输线的 S_{21} 定义为

$$S_{21} = \frac{(1 - \Gamma^2)e^{-\gamma l}}{1 - \Gamma^2 e^{-2\gamma l}} \tag{3-36}$$

当传输线特性阻抗与端口阻抗实现阻抗匹配时，$\Gamma = 0$，$S_{21} = e^{-\gamma l}$，具体表现为高回波损耗，低插入损耗。

3.2.2　太赫兹波导过渡结构设计

目前，使用的太赫兹测试系统大多数是以矩形波导口作为信号输入/输出端口，相比封装天线，传统的波导型喇叭天线在性能上具有一定的优势。在集成系统中，由于应用需要和各种传输线的特点，不可避免地在同一系统中存在多种波导结构。其中，由于微带线、共面带状线和共面波导等平面传输结构具有设计、加工方便、易于集成等特点，因而在太赫兹系统中被广泛应用。为了完成信号传输和传感器与信号源探测器之间的互联，通常需要引入过渡转换结构，以完成电磁信号不同传输模式的转换。

波导结构到传输线结构的转换主要有三种形式：脊波导式过渡、探针式过渡以及对脊鳍线式过渡。下面分别在 G 波段内（220~325 GHz）和 Y 波段内（325~500 GHz）设计基于脊波导式矩形波导到共面波导过渡和基于 E 面探针式矩形波导到微带过渡两种结构的仿真。由仿真结果表明，在对应频段，设计满足测试需求。

1. 脊波导式过渡

脊波导式过渡结构是通过一段脊波导把矩形波导的主模波阻抗转换到传输线特性阻抗，以实现过渡的目的。脊波导式过渡结构是一种设计简单，有良好过渡特性的结构，但是尺寸较小，精度要求高，需要精密机械加工条件。

脊波导式过渡包括波导传输线与脊波导的连接部分，以及矩形波导到脊波导的阻抗变换部分。因为矩形波导与传输线的传输模式和特性阻抗的不同，所以在其中加入脊波导，通过逐步降低金属脊的高度，实现从矩形波导到传输线的模式变换和阻抗匹配。Yang 等利用脊波导结构进行阻抗变换，在 6.5~18 GHz 实现矩形波导到微带线的过渡，其插入损耗在设计范围内小于 0.8 dB。Dong 等利用脊波导脊结构实现了在 122.5~156.5 GHz 插入损耗小于 3 dB 的矩形波导到共面

波导过渡。

（1）理论分析。由式（3-29）所知，矩形波导中传输 TE_{10} 模时，波阻抗为 $Z_{TE_{10}}$，为了解决波导间的匹配及转换问题，Southworth 提出电压功率定义的特性阻抗为

$$Z_{OVP} = \frac{2b}{a} Z_{TE_{10}} \qquad (3-37)$$

设计采用 WR-3 矩形波导尺寸，国际标准为 $a = 864~\mu m$、$b = 432~\mu m$，中心频率为 272.5 GHz，$\lambda_0 = 1.1$ mm，$Z_{OVP} = Z_{TE_{10}} = 634~\Omega$。要保证与标准共面波导 50 Ω 的特性阻抗匹配，须在矩形波导与共面波导之间加入适当的阻抗变换结构。

如果阻抗变换器在频带内的反射系数按照切比雪夫多项式变化，即反射系数在零和 $|\Gamma_m|$ 之间以等波纹的振荡变动，则这类阻抗变换器称为切比雪夫阻抗变换器。

切比雪夫函数可以表示为

$$T_N(x) = \begin{cases} \cos(N\arccos(x)) & |x| \leqslant 1 \\ \cosh(N\operatorname{arccosh}(x)) & |x| > 1 \end{cases} \qquad (3-38)$$

式中：$T_N(x)$ 是 x 的多项式，因此切比雪夫函数又称切比雪夫多项式。令 $\cos\theta = x$，$\cosh\theta = x$，则

$$T_N(x) = \begin{cases} \cos(N\theta) & |x| \leqslant 1 \\ \cosh(N\theta) & |x| > 1 \end{cases} \qquad (3-39)$$

因此，在 $|x| \leqslant 1$ 区间内，$|T_N(x)| \leqslant 1$，$T_N^2(x) \leqslant 1$。当 x 在 $-1 \sim +1$ 之间变化时，对应的 θ 在 $0 \sim \pi$ 之间变化，欲使阻抗变换器的反射系数 $|\Gamma|$ 在 $\theta_m \sim \pi - \theta_m$ 之间有等波纹特性，故将 $T_N(\cos\theta)$ 改为

$$T_N\left(\frac{\cos\theta}{\cos\theta_m}\right) \qquad (3-40)$$

阻抗变换器的反射系数为

$$\Gamma = A e^{-jN\theta} T_N\left(\frac{\cos\theta}{\cos\theta_m}\right) \qquad (3-41)$$

式中：A 为待定常数。当 $\theta = 0$ 时，可求得

$$\Gamma = \frac{Z_2 - Z_1}{Z_2 + Z_1} = e^{-jN\theta} \frac{Z_2 - Z_1}{Z_2 + Z_1} \frac{T_N\left(\dfrac{\cos\theta}{\cos\theta_m}\right)}{T_N(\sec\theta_m)} \qquad (3-42)$$

如果阻抗变换器的通带 θ_m 已知，由于 $T_N\left(\dfrac{\cos\theta}{\cos\theta_m}\right)$ 的最大值为 1，所以可以求得通带中的最大反射系数为

$$|\Gamma_m| = \frac{Z_2 - Z_1}{(Z_2 + Z_1)~T_N(\sec\theta_m)} \qquad (3-43)$$

　　反之给出最大反射系数可以求得阻抗变换器通带。因此，给定了阻抗变换器的阻抗 Z_1 和 Z_2，最大反射系数 $|\Gamma_m|$ 和节数 N 后，即可计算出各节变换器的反射系数和特性阻抗。

　　根据切比雪夫阻抗变换器相关原理设计阶梯脊形转换结构，转换结构阻抗由 634 Ω 到 50 Ω 阻抗的变换比为 $R = 0.08$。最大驻波系数 ρ_{max} 设为 1.1。可求出坐标变换待定系数 h、p 及最小阶数 n：

$$h \leqslant \frac{\rho_{max} - 1}{2\sqrt{\rho_{max}}} = 0.05 \approx h_{max} \tag{3-44}$$

$$p = \cos\left(\frac{\pi}{1 + \lambda_{max}/\lambda_{min}}\right) = 0.3 \tag{3-45}$$

$$n \geqslant \frac{\mathrm{arcosh}\left(\dfrac{|1-R|}{2h_{max}\sqrt{R}}\right)}{\mathrm{arcosh}\left(\dfrac{1}{p}\right)} = 2.2 \tag{3-46}$$

　　因此最小阶数为 3，考虑到计算误差及制造工艺的复杂度，本设计选取阶梯脊数为 3。采用阶梯脊波导式过渡相较于基于渐变线阻抗变换器设计的三角形过渡结构，脊波导可以避免电路问题，适用于宽带电路且加工容错率更高、结构刚度更强且易于保存运输。

　　图 3.19 所示为金属阶梯脊截面图。图中，a、b 分别为矩形波导的长边和短边，阶梯脊厚度为 t_h，脊到底端距离为 d。d 值较小时，电磁场能力集中于脊下，等效阻抗较低，可与共面波导匹配连接；当 d 增大时，等效阻抗增加，可连接矩形波导。通过改变阶梯脊的高度及宽度可以将矩形波导的特性阻抗变换到与共面波导匹配的阻抗。

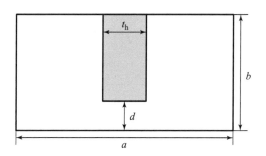

图 3.19　金属阶梯脊截面图

　　（2）脊波导式过渡结构设计。设计的矩形波导到共面波导转换结构由矩形波导和脊波导两部分组成。转换结构结合共面波导示意如图 3.20（a）所示，转换结构细节图、几何参数图如图 3.20（b）（c）所示。矩形波导材料为铜，其内截面尺寸为 $864~\mu m \times 432~\mu m$，共面波导由 $h = 40~\mu m$ 石英基底（$\varepsilon = 3.75$，$\mu = 1$）表面刻蚀的信号线及两条地线组成。其中，接地板、信号线和地线材料均为金且厚度 $c = 400~nm$；信号线宽为 $36~\mu m$，地线宽为 $78~\mu m$，信号线与地线间隙为 $4~\mu m$。转换结构中，金属脊固定在矩形波导内壁，由三段金属脊构成，脊的长度为 L_i（$i = 1$，2，3），距下表面高度为 d_i（$i = 1$，2，3），厚度为 t。

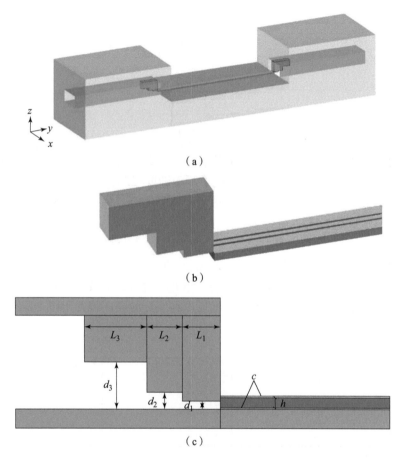

图 3.20 矩形波导到共面波导过渡结构模型

（a）过渡结构整体模型图；（b）过渡结构金属脊细节图；

（c）金属脊与共面波导结合部分几何参数

使用有限积分软件（CST）进行模拟仿真。太赫兹波以 TE 模由矩形波导一端入射经过过渡结构并转换为 TEM 模后进入共面波导，在共面波导另一端加相同的转换结构并检测插入损耗以表征该结构的转换性能。通过仿真对转换结构金属脊的各个参数进行调整，确定最优结构。

得到的过渡结构具体最优参数如表 3.3 所示，由此仿真计算得到的过渡结构 S 参数如图 3.21 所示。

表 3.3　矩形波导到共面波导过渡结构的具体最优参数

参数	c	h	L_1	L_2	L_3	d_1	d_2	d_3	t_h
值/μm	0.4	40	245	140	200	35	80	230	140

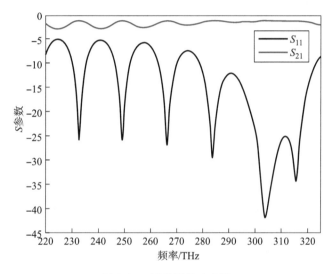

图 3.21　过渡结构 S 参数

结果表明，该过渡结构在 220～325 GHz 全频段可以取得小于 3 dB 的插入损耗，特别在 280～320 GHz 时，回波损耗优于 10 dB，插入损耗在带内均小于 1.5 dB。

（3）精密机械加工制备脊波导式过渡结构。通常，按加工精度划分，机械加工可分为一般加工、精密加工、超精密加工三个阶段。目前，精密加工是指加工精度为 0.1～1 μm，表面粗糙度为 Ra0.1～0.01 μm 的加工技术，但这个界限是随着加工技术的进步不断变化的。精密加工所要解决的问题，一是加工精度，包括形位公差、尺寸精度及表面状况；二是加工效率，有些加工可以取得较好的加工精度，却难以取得高的加工效率。精密加工包括微细加工、超微细加工和光整加工等加工技术。传统的精密加工方法有砂带磨削、精密切削、珩磨、精密研磨与抛光等。

脊波导最重要的尺寸之一——矩形波导——的槽宽仅有零点几毫米，在该频段尺寸的微小误差会对整个结构的色散、阻抗匹配带来很大的影响。本结构加工精度要求为 ±5 μm，结构设计图和三维模型如图3.22、图3.23所示。

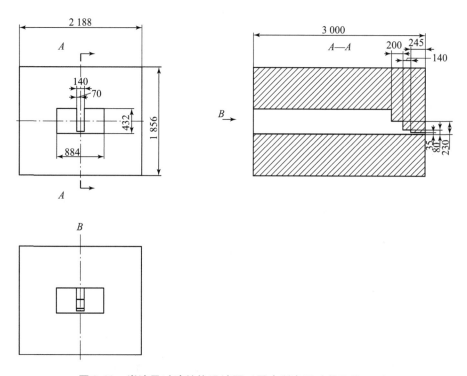

图3.22 脊波导过渡结构设计图（图中所有尺寸单位为 μm）

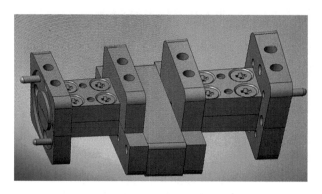

图3.23 脊波导式过渡结构的三维模型

2. 探针式过渡

探针式过渡结构可以分为两种：一种是微带平面与矩形波导内电磁场的传播

方向平行，称为 E 面探针结构；另一种是微带平面与矩形波导内电磁波的传播方向垂直，称为 H 面探针结构。探针式过渡结构是在矩形波导宽边侧面开窗完成传输线电路的插入，通过一段起耦合作用的探针将矩形波导中的电场耦合到传输线中。该种过渡结构具有结构简单，易于加工，过渡性能好等优点；但是在高频段，矩形波导高度有限，对基片厚度要求较高且调试复杂，结构不紧凑，不易于系统的集成和模块的统一化。

（1）理论分析。2013 年，Li 等提出将 E 面探针后的 $\lambda/4$ 阻抗变换器弯折 $90°$ 实现阻抗匹配，在 $75 \sim 110$ GHz 实现插入损耗低于 2 dB。2016 年，Dong 等首次使用 E 面探针与线键合，实现了 U 波段（$40 \sim 60$ GHz）矩形波导到共面波导过渡插入损耗优于 3 dB；使用 H 面探针在 $118.8 \sim 161$ GHz 实现插入损耗优于 2 dB 的矩形波导到共面波导过渡；利用 E 面线键合探针在 $110 \sim 166.3$ GHz 实现插入损耗优于 2 dB 的矩形波导到共面波导过渡。2017 年，Hanning 通过悬挂带状环线 E 面探针在 $750 \sim 1\,100$ GHz 实现过渡，插入损耗优于 2 dB。Wu 等利用 E 面探针通过沿着波导轴的细金属线链接到后端，在 $75 \sim 105$ GHz 实现插入损耗小于 0.64 dB，在 $180 \sim 260$ GHz 实现插入损耗小于 1 dB 过渡。2022 年，Wu 等通过在矩形波导中加设楔形隔板结合 E 面探针，分别在 $75 \sim 110$ GHz 和 $179 \sim 260$ GHz 得到小于 0.8 dB 和 1.2 dB 的插入损耗结构；Zhang 等利用探针结合分叉探头在 $170 \sim 260$ GHz 实现插入损耗小于 0.84 dB。

根据探针结构的不同，可以分为同轴探针过渡和微带探针过渡。其中，微带探针过渡是从同轴探针过渡发展而来，通过在矩形波导宽边开窗将微带插入。通过插入波导与微带探针之间的耦合会产生容性电抗，需要在微带探针后加入一段具有高感抗性的细微带线来抵消该容性电抗，在高阻抗线后串联一段 1/4 波长阻抗变换器来实现与标准 50 Ω 微带线之间的阻抗匹配。

矩形波导到微带探针的耦合等效电路如图 3.24 所示。该等效电路适用于 E 面探针结构，与探针相连的传输线可以为微带、同轴和共面波导等类型。图中端口 1、2 等效为波导端口，端口 3 等效为微带端口。由于矩形波导中插入了探针，所以使其中传输的电磁波产生了不连续性。图中，jX_s 为不连续性电抗；jB_a、jB_b、jB_c 为不连续性电纳；jX_p 为探针自身电感感抗。理想变压器比 n_1、n_2 表示探针末端电压与矩形波导主模电压以及微带端口 TEM 模电压与矩形波导主模电压之比。由于 jB_c 值远小于 jB_a 和 jB_b，故略去 jB_c 后得到简化电路，如图 3.25 所示。简化后的等效电路中，虚线框内的为探针自身的电感和探针末端与矩形波导壁间隙分布电容的电纳；变压器表示微带 TEM 模与矩形波导 TE_{10} 模的耦合；jB_b 表示微带端口局部高次模储能对应的电纳。

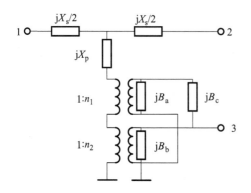

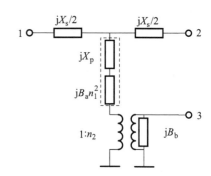

图 3.24　矩形波导到微带探针的耦合等效电路　　图 3.25　微带探针的耦合等效简化电路

图 3.25 中，对于 E 面探针式的过渡结构，端口 2 可以等效为短路面，由于矩形波导自身阻抗远大于 jX_s，因此矩形波导与探针之间的耦合强度很弱。为了增强矩形波导与探针的耦合强度，使矩形波导主模电压有效作用到耦合变压器上，需要满足：①jX_p 与间隙电纳 $jB_a n_1^2$ 串联谐振；②波导短路面电抗与两个 $jX_s/2$ 电抗形成 Γ 形阻抗变换；③在端口 3 处接阻抗包含电抗分量以抵消 jB_b 完成阻抗匹配；④用变压器变比 n_2 来确定端口 3 微带线的阻抗。通过调整上述要求中的各参数值，可以使耦合过渡结构达到一定带宽。

$\lambda/4$ 波长阻抗变换器是最基本的阻抗变换器，是连接矩形波导端口阻抗 Z_{in} 和阻抗为 Z_L 的负载之间的一端长度为 $\lambda/4$、特性阻抗为 Z_C 的传输线，如图 3.26 所示。

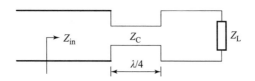

图 3.26　1/4 波长阻抗变换器

匹配时，输入阻抗为

$$Z_{in} = Z_C \frac{Z_L + jZ_C \tan \beta l}{Z_C + jZ_L \tan \beta l} \tag{3-47}$$

式中：$l = \lambda/4$，为传输线的长度；β 为传输线在中心波长 λ 时的相位常数。

由此可以得出，$\lambda/4$ 传输线的特性阻抗为

$$Z_C = \sqrt{Z_L Z_{in}} \tag{3-48}$$

所以，特性阻抗满足式（3-48）的 $\lambda/4$ 的传输线，起到阻抗变换的作用。

由于 λ 是中心波长，因此这种变换器只在中心频率有效变换带宽较窄，且 Z_{in} 和 Z_C 必须为纯电阻。

（2）E 面探针式过渡结构设计。本设计采用 E 面探针的方式实现 Y 波段矩形波导到微带线的过渡，仿真结构如图 3.27 所示，微带线从矩形波导的宽边插入，微带面与矩形波导中电磁波的传输方向平行。由于太赫兹频段金属具有完美电导体的特性，故仿真环境设置为 PEC，矩形波导内部填充空气。微带线两边分别接入阻抗变换器、高阻线和探针。其中，将探针部分插入矩形波导内部。

图 3.27　Y 波段矩形波导到微带线的过渡结构仿真模型

微带线介质基底是电磁场的传播媒介，选取基底需要满足损耗小、表面光滑度高、硬度强等特点。由于在太赫兹频段，电路损耗相对较大，选用低介电常数的基底有利于减小电路损耗。同时，为了抑制高次模的产生，应该选取厚度较小的介质基片。综合各方面考虑，本文最终选取 Rogres 5880（$\varepsilon = 2.2$）作为介质基底。

本设计采用 WR - 2 标准矩形波导，微带传输线使用前文中设计，基底厚度为 60 μm，导体带宽 150 μm，导体带及地线厚度为 0.4 μm。设计目标中心频率为 412.5 GHz，频率范围为 325 ~ 500 GHz，$\lambda/4 = 181$ μm。矩形波导开口窗口在符合要求的情况下越小越好。通过 CST 软件进行优化，使其成为相对稳定的结构。该结构在特定频率范围内可以保持较低的插入损耗。

本设计仿真结果的 S_{11} 及 S_{21} 参数如图 3.28 所示。设计采取背靠背结构进行仿真，两个过渡结构的回波损耗在 350 ~ 409 GHz 内优于 10 dB，插入损耗小于 0.6 dB。由此可见，该过渡结构在 350 ~ 409 GHz 具有低插入损耗特性，可以实现 Y 波段低频段的矩形波导到微带线过渡。

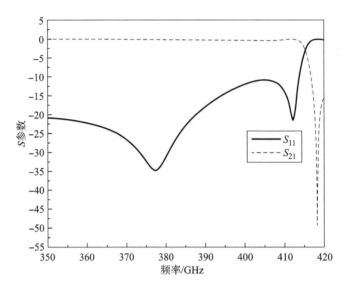

图 3.28　Y 波段转换结构 S 参数仿真结果

3. 对脊鳍线式过渡

对脊鳍线式过渡结构是在基片两面做不对称并呈渐变曲线的金属导体，可以实现矩形波导 TE_{10} 模电场集中并逐渐旋转 $90°$，使对脊鳍线交叉重叠部分转换为准 TEM 模，同时可以将矩形波导的高阻抗转换为低阻抗，以实现模式转换和阻抗匹配的目的。对脊鳍线式过渡结构具有加工简单、插入损耗低、带内驻波系数好、易于装配、对加工精度要求不高等优势，而且其过渡方向与传输线电路方向一致，便于后端的电路集成。Mozharovskiy 等提出一种对脊鳍线过渡结构，通过在金属鳍线两侧开设金属通孔来抑制 TE 模在微带线上传输，测试结果显示在 $71 \sim 86$ GHz 范围内，背靠背测试结果插入损耗平均值优于 1.1 dB。荀民等制作了一款 $80 \sim 100$ GHz 的对脊鳍线波导到微带线过渡，实现了背靠背结构插入损耗小于 0.8 dB。

（1）理论分析。对脊鳍线式过渡可以分为 5 个区域进行分析。第一和第二区域称为对脊鳍线的过渡区。这个区域将入射到输入端的 TE_{10} 模旋转 $90°$，并将其转换为对脊鳍线上传输的准 TEM 模，波导的高阻转换为低阻。第三、第四和第五区域是从对脊鳍线到微带线的过渡区域。为了实现宽带低损耗的过渡性能，在第一过渡区必须满足公式：$0 < \dfrac{d}{b} \leqslant 1$，在第二过渡区必须满足公式：$-\dfrac{\omega}{b} \leqslant \dfrac{d}{b} \leqslant 0$。其中，$b$ 是波导的窄边长度；d 是沿波导窄边方向上下金属鳍之间的距离；ω 是中心频率对应的 50 Ω 微带线宽度。

　　常用的对脊鳍线式过渡渐变类型有 3 种：抛物线型、余弦平方型、指数型。通常选用的过渡鳍线类型为余弦平方型。下面分别对应给出三种过渡类型的特性阻抗表达式：

$$Z(z) = \left[\pm \sqrt{Z_2} + \frac{z}{L} (\pm \sqrt{Z_1}) \mp \sqrt{Z_2} \right]^2, 0 \leqslant z \leqslant L \qquad (3-49)$$

$$Z(z) = Z_2 \cos^2 \left[\frac{z}{L} \arccos \left(\frac{Z_1}{Z_2} \right)^{\frac{1}{2}} \right]^2, 0 \leqslant z \leqslant L \qquad (3-50)$$

$$Z(z) = Z_2 e^{\frac{z}{L} \ln \left[\frac{Z_1}{Z_2} \right]}, \ 0 \leqslant z \leqslant L \qquad (3-51)$$

式中：L 表示过渡段的长度，不同位置对应鳍线的特性阻抗由 $Z(z)$ 表示，即对应金属鳍线不同的线宽。式（3-49）～式（3-51）中，Z_1、Z_2 分别表示 $z = L$ 和 $z = 0$ 时对应的鳍线特性阻抗。容易分析的是，L 越长，反射系数越小；但是如果 L 过长，就会增加整个过渡结构的插入损耗，影响后端电路的性能。根据实际电路设计经验，过渡段长度 L 初始值一般设为应用通带内最低频率对应的波导波长 λ_g，再根据实际电路结构需要进行参数优化。

　　（2）对脊鳍线波导过渡结构设计。本章研究、设计并分析了 Y 波段（0.325～0.5 THz）对脊鳍线波导过渡结构，结构如图 3.29 所示。输入/输出端口采用 WR-2 标准矩形波导，选取 Rogres 5880（$\varepsilon = 2.2$）作为介质基底，基底厚度为 50 μm，导体带宽 60 μm，导体带及地线厚度为 0.43 μm。在这种过渡结构中，对脊鳍线的两个金属鳍逐渐变成一对平行线。对脊鳍线的电场线沿渐变段逐渐旋转并向两导体条带之间集中。

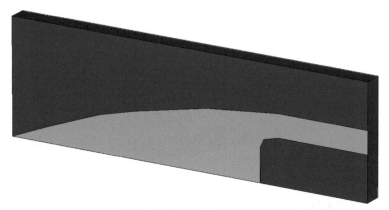

图 3.29　Y 波段对脊鳍线波导过渡结构仿真模型示意

在 0.325 ~ 0.5 THz 范围内，单个过渡结构的插入损耗 S_{21} < -3 dB，回波损耗 S_{11} > -10 dB，其 S 参数如图 3.30 所示。转换结构具有插入损耗低、回波损耗高、带宽宽、易于组装、一致性高、加工方便、易于集成等优点。

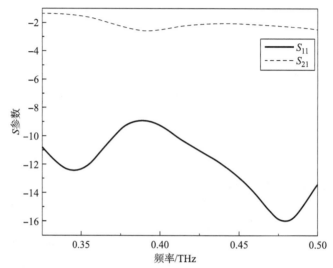

图 3.30　Y 波段对脊鳍线波导过渡结构 S 参数示意

为了更准确地分析 Y 波段对脊鳍线波导过渡结构的性能，设计了背靠背模型，如图 3.31 所示。在 0.325 ~ 0.5 THz 范围内，整个过渡结构的插入损耗 S_{21} < -5 dB，回波损耗 S_{11} > -10 dB，整个带内曲线很平坦。其 S 参数如图 3.32 所示。

图 3.31　Y 波段对脊鳍线波导过渡结构背靠背仿真模型示意

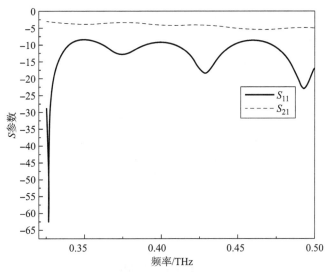

图 3.32 Y 波段对脊鳍线波导过渡结构背靠背 S 参数示意

3.2.3 共面波导和转换接口实验测量

利用矢量网络分析仪（Vector Network Analyzer，VNA），通过测量作为双端口网络的波导的散射参数来获得频域光谱，测试系统如图 3.33 所示。矢量网络分析仪由中电科思仪科技股份有限公司提供，型号为 3672B（10 MHz ~ 26.5 GHz），通过扩频组件扩展至 220 ~ 325 GHz。扩频组件两路信号输出端口均为标准的 WR - 3 波导。

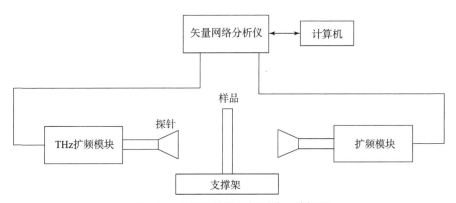

图 3.33 矢量网络分析仪测试系统框图

1. 共面波导和转换结构传输特性测试

共面波导和转换结构的测试装置如图 3.34 所示。其中，图（a）为脊波导背靠背过渡测试结构，中间部分为底座及共面波导。

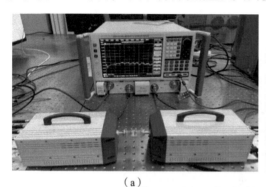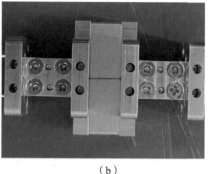

（a）   （b）

图 3.34　共面波导和转换结构的测试装置

（a）共面波导；（b）转换结构

利用矢量网络分析仪系统进行转换结构空载试验，即在不加共面波导传输线的情况下进行插入损耗测试，旨在了解不同转换结构性能和测试稳定性以及传输距离对结果的影响。测试结果如图 3.35 所示，其中，图（a）为短底座；图（b）为长底座；图例中标号为转换结构编号。由图可知，对于短底座转换结构，在不加共面波导传输线时，插入损耗在全频段主要集中在 30 ~ 50 dB，长底座集中在 40 ~ 60 dB，底座的加长使插入损耗增大。经过重复性测试，结果一致性良好。其中，0305 转换结构的性能最优，因此在后续测试过程中主要使用这个结构进行。

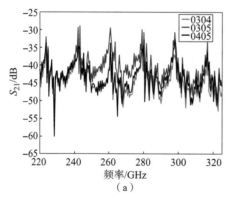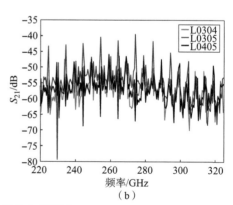

（a）   （b）

图 3.35　转换结构空载测试

（a）短底座；（b）长底座

选取短底座加装共面波导传输线后，在显微镜下进行共面波导传输与脊波导对准操作，使共面波导信号线与脊波导的脊相连。将装配好的过渡结构与矢量网络分析仪连接进行测试，结果如图 3.36 所示。根据结果分析可知，该过渡结构在 240 ~ 290 GHz 范围内插入损耗低于 10 dB。通过与仿真结果对照发现，测试结果与共面波导与脊波导间隙 $s = 5$ μm 的结果相近，由此可知，主要测试误差来源于共面波导长度不足。由分析结果发现，试验误差主要来源于加工和设计两个方面。其中，加工方面：①共面波导长度不足，导致与脊波导间存在间隙；②共面波导加工精度不够，地线及信号线不完整有划痕；③由于结构较小，共面波导与脊波导间对齐难度较大。设计方面：①转换结构机械连接部分过多，转换结构两侧法兰盘需要与扩频模块的直波导进行连接，过多的机械连接导致器件之间连接不牢固，存在一定的漏波；②共面波导的石英基底在高频段损耗增加。

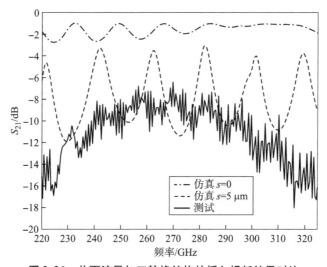

图 3.36　共面波导加工转换结构的插入损耗结果对比

2. 乳糖溶液浓度测试

利用共面波导传感芯片结合微流通道进行溶液测试，传感系统如图 3.37 所示。本次试验使用长基底，在基底上放置共面波导传感芯片与微流通道，微流通道部分通过夹具与过渡结构进行固定。其中，微流通道宽为 10 μm。试验过程中通过夹具上面的小孔进行溶液的注入和排出，微流通道可以将微量溶液限制在特定传感范围，以降低水对太赫兹的吸收并影响试验结果。

（a）　　　　　　　　　　　　　　　（b）

图 3.37　基于微流通道进行溶液测试的传感系统

（a）共面波导传感芯片；（b）溶液浓度测试系统

　　将传感共面波导对准脊波导转换结构，经测试系统校准后，通过注射器分别注入等量的不同浓度的乳糖溶液。在每次测试后，须用去离子水冲洗微流通道后方可再进行下一次试验。测试结果如图 3.38 所示。由分析可知，在溶液被注入微流通道后会引起频谱的整体下移。由此可见，乳糖溶液浓度越高，插入损耗越大，对太赫兹波的吸收越强。

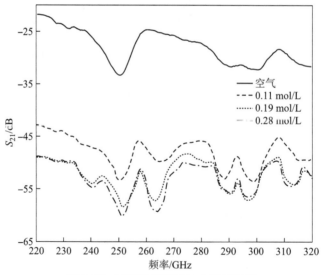

图 3.38　不同乳糖溶液浓度测试结果

3.3　太赫兹光纤

3.3.1　太赫兹光纤材料

由于太赫兹波传播的损耗与材料密切相关，因此在对太赫兹光纤进行设计时选择合适的材料非常重要。常用的光纤材料包括玻璃和聚合物。研究表明，在太赫兹频段，聚合物比玻璃具有更好的光学性能。

常见的聚合物材料包括环烯烃聚合物（COP）（商业上称为 Zeonex）、环烯烃共聚物（COC）（商业上称为 Topas）、聚四氟乙烯（Teflon）、高密度聚乙烯（HDPE）、Picarin、聚甲基戊烯（TPX）、聚丙烯（PP）、光敏树脂等。这些聚合物材料表示出相似的光学特性，主要区别是在不同频段对太赫兹波的吸收不同。其中，吸收损耗最低的材料是 Zeonex 和 Topas，它们的吸收系数在 $0.2 \sim 5$ THz 内的平均值为 0.2 cm^{-1}。不同材料在太赫兹频段的光学特性如表 3.4 所示。

表 3.4　不同材料在太赫兹频段的光学特性

材料名称	频率范围/THz	平均折射率	平均损耗/cm^{-1}
环烯烃聚合物（Zeonex）	$0.5 \sim 5$	1.529	0.184
环烯烃共聚物（Topas）	$0.5 \sim 5$	1.531	0.2
高密度聚乙烯（HDPE）	$0.5 \sim 5$	1.535	0.22
聚四氟乙烯（Teflon）	$0.5 \sim 5$	1.466	0.26
Picarin	$0 \sim 3$	1.52	0.2
聚甲基戊烯（TPX）	$0 \sim 3$	1.47	0.74
聚丙烯（PP）	$0 \sim 3$	1.50	0.58
聚碳酸酯（Polycarbonate）	$0 \sim 2.5$	2.08	19
聚苯乙烯（Polystyrene）	$0 \sim 2.5$	1.63	1.5
有机玻璃（Perspex）	$0 \sim 2.5$	1.61	23
二氧化硅（Silica）	$0.5 \sim 5$	1.943	1.98
BK7	$0.5 \sim 5$	2.46	11
树脂（Resin）	$0.5 \sim 5$	1.69	16

根据太赫兹波在光纤中的传播机制可以分为全内反射效应（TIR）、改进全内反射效应（mTIR）、光子带隙效应（PBG）、反谐振效应（ARR）和拓扑通道效应。每种效应对应的太赫兹光纤结构如图 3.39 所示。

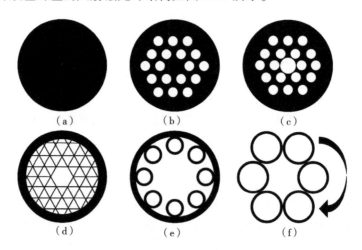

图 3.39　不同引导机制的太赫兹光纤结构示意

（a）全内反射效应；（b）改进全内反射效应；（c）光子带隙效应；
（d）Kagome 晶格；（e）反谐振效应；（f）拓扑通道效应

1. 全内反射效应

全内反射效应与光纤纤芯和包层之间的折射率对比度有关，电磁波在折射率高的纤芯中传播。mTIR 本质上与 TIR 物理效应相同，包层中通过空气孔形成低折射率区域时，mTIR 效应才存在。

2. 光子带隙效应

光子带隙效应在微结构光纤中不允许电磁波横向传播，但可在缺陷区域纵向传播。缺陷区域是包层周期性微观结构的扰动，定义为纤芯区域。在这种情况下，电磁波可以通过平面外光子带隙进行引导，在二维微结构化晶格发生低损耗纵向传输。光子带隙取决于周期性包层结构、几何形状和背景材料与微结构包层之间的折射率对比等。光子带隙效应允许波在空心波导中传播，这为电信和传感领域的应用开辟了可能性。

3. 反谐振效应

在包层区域具有高空气填充系数的微结构空心光纤，也称为 Kagome 晶体结构。该种光纤表现出较低的光子态密度，光纤中的纤芯和包层模式基于反谐振效应共存。纤芯和包层模式耦合的情况取决于它们的有效折射率的匹配以及它们的空间模式重叠。在另一类结构中，包层由具有高填充因子的复杂空气孔格结构形成，并且纤芯被一个薄介质环包围，如图 3.39 所示，这种空心管光纤进一步地将复杂的空气孔格简化为环绕纤芯的薄介电环。与 Kagome 结构类似，包层环支撑的模式密度非常低，降低了纤芯和包层模式耦合的概率。反谐振效应广泛应用在低损耗、宽带传输的太赫兹波导中。

4. 拓扑通道效应

拓扑通道效应出现在螺旋扭曲的空心光子晶体光纤中，扭曲结构呈现出一种拓扑通道，创造了有利的电磁波引导条件。螺旋扭曲使光程随光纤半径和扭曲率的平方增加，对远离光纤中心的场分布包层模的有效折射率影响更大。因此，螺旋扭曲会导致场靠近光纤中心的模式与场远离光纤中心的模式之间产生解耦或抑制耦合，因此该种波导具有低约束损耗。

目前的研究中，太赫兹光纤设计几乎应用到了所有的光子学制导机制。根据不同的传导机制以及研究发展，太赫兹光纤的主要类别可以分为固体棒光纤、多孔光纤、多孔芯光纤、悬浮芯光纤、空心管光纤、反谐振空心光纤、布拉格光纤、嵌入金属丝的多孔光纤、螺旋扭曲光纤等。图 3.40 所示为部分太赫兹光纤。其中，黑色为介质材料，白色是空气区域。

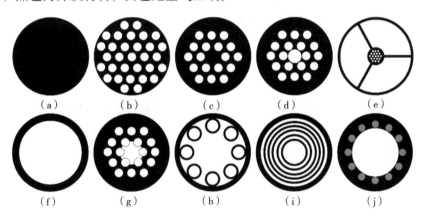

图 3.40　太赫兹光纤类别

（a）固体棒光纤；（b）多孔光纤；（c）微结构光纤；（d）空心带隙光纤；（e）悬浮芯光纤；
（f）空心管光纤；（g）负曲率光纤；（h）反谐振空心光纤；（i）布拉格光纤；（j）嵌入金属丝光纤

3.3.2　太赫兹光纤的传播特性

1. 有效折射率

材料的折射率是指在一定频率下，真空中的光速与材料整体介质中光速之比。折射率与有效折射率的显著区别是，有效折射率是真空中的光速与整体介质

在特定偏振方向的传播速度之比，计算公式为

$$n_{\text{effp}m} = \frac{c}{v_{\text{zp}m}} = \frac{\lambda_0 v}{\lambda_{\text{zp}m} v} = \frac{\lambda_0}{\lambda} = \frac{\dfrac{2\pi}{k_0}}{\dfrac{2\pi}{k_{\text{zp}m}}} = \frac{k_{\text{zp}m}}{k_0} = \frac{\beta_{\text{p}m}}{k_0} \qquad (3-52)$$

式中：$\beta_{\text{p}m}$ 为传播常数，p 表示偏振模式（TE 或 TM），m 表示极化的 m 阶模；k_0 为给定频率在自由空间中的波数，可表示为

$$k_0 = \frac{\omega}{c} = \frac{2\pi v}{c} = \frac{2\pi}{\lambda_0} \qquad (3-53)$$

式中：λ_0 为自由空间中的波长；v 为在介质中的频率。

2. 双折射

单模光纤只允许基模传播，但光纤仍然可以引导基模分裂成两个正交模式。其中任何一个都可能由于轻微的失真或缺陷而延迟，这种情况称为双折射。通过设计能够保持偏振态的保偏光纤来避免失真和延迟，保偏光纤保持基本模式的偏振状态，两个正交模式之间的串扰或交叉耦合带来的损耗非常小。太赫兹光纤中的高双折射一般通过增强结构的非对称性来实现，双折射可以通过取两个正交基模之差的绝对值来计算，计算公式为

$$B = |n_x - n_y| \qquad (3-54)$$

式中：n_x 和 n_y 是 x 轴方向和 y 轴方向偏振的有效折射率的实部。

3. 限制损耗

光纤的传输损耗是最重要的特性之一，是限制光纤通信的传输距离和传输速度的主要因素之一。光波在光纤的传输过程中，由于光纤损耗的影响，随着传输距离的增加，光功率会逐渐减小。与传统光纤损耗来源相类似，吸收损耗、散射损耗和辐射损耗是太赫兹光纤损耗的主要来源。然而，由于结构的特殊性，光子晶体光纤另外还存在一些特殊的损耗来源，如泄漏损耗、表面模式耦合损耗以及结构缺陷损耗等。吸收损耗与制作光纤的材料有关，散射损耗则与光纤材料及光纤中的结构缺陷相联系；而辐射损耗是由光纤几何形状的微观和宏观扰动引起的。由于聚合物材料对太赫兹波吸收小，因此通常忽略吸收损耗和散射损耗而只考虑泄漏损耗。泄漏损耗即限制损耗，是衡量光纤束缚光波在纤芯中传播的能力，在光子晶体光纤中，由于空气孔的包层层数是有限的，因此，纤芯中的光波是无法独立进行传导的，从而在纤芯到包层的周期性结构将会产生泄漏，部分光波泄漏到包层空气孔进行传输，因此产生了泄漏损耗。其计算公式为

$$L_c = 8.686 \frac{2\pi f}{c} \text{Im}(n_{\text{eff}}) \qquad (3-55)$$

式中：n_{eff} 为光纤的有效折射率；f 为传输频率；c 为真空中的光速；Im 为虚部。

4. 有效材料损耗

材料吸收损耗主要来源于材料固有的分子结构。这种损耗值被认为是波导的最小损耗。因此，减少太赫兹频段材料损失的最佳方法是将尽可能多的光集中在波导的纤芯区域。在太赫兹光纤设计中，有效材料损耗（Effective Material Loss，EML）被定义为具有特定模场分布的基模在传播方向上沿纤芯区域穿过时所产生的损耗，计算公式为

$$\text{EML} = \sqrt{\frac{\varepsilon_0}{\mu_0}} \left(\frac{\int_{\text{mat}} n_{\text{mat}} \, |E|^2 \alpha_{\text{mat}} \mathrm{d}A}{\left| \int_{\text{all}} S_z \mathrm{d}A \right|} \right) \tag{3-56}$$

式中：ε_0 和 μ_0 是真空中的介电常数和磁导率；n_{mat} 是所用材料的折射率；α_{mat} 是整体材料的吸收损耗；S_z 表示传播方向上的坡印廷矢量，计算公式为

$$S_z = \frac{1}{2} |E \times H| \, |\hat{z}| \tag{3-57}$$

式中：E 是电场分量；H 是磁场分量复共轭。

5. 弯曲损耗

当光纤弯曲超过指定的弯曲半径时，它们会以漏光的形式出现传输损耗。计算弯曲损耗可以通过将太赫兹光纤作为一个小的折射率—对比度阶跃式光纤，计算公式为

$$\alpha_{\text{BL}} \approx \frac{\sqrt{\pi}}{8 A_{\text{eff}}} \left[\frac{1}{\beta \left(\beta^2 - \beta_{\text{cl}}^2 \right)^{\frac{1}{4}}} \right] \left[\frac{\exp\left(-\frac{2}{3} R_{\text{b}} \beta^2 - \beta_{\text{cl}}^2 \right)^{\frac{3}{2}} \beta^{-2}}{\sqrt{R_{\text{b}} \left(\beta^2 - \beta_{\text{cl}}^2 \right) \beta^{-2} + R_{\text{c}}}} \right] \tag{3-58}$$

式中：$\beta = \dfrac{2\pi N_{\text{eff}}}{\lambda}$，为模态传播常数；$R_{\text{c}}$ 为纤芯半径；R_{b} 为弯曲半径。

6. 色散

色散是导致光学应用中信号衰减的一种机制。它发生在光纤中基模的传播常数随频率或波长变化时。由于一个光脉冲包括几个子脉冲，这些子脉冲对频率的依赖性可能源于材料、波导结构或两者的折射率发生变化，同时这种依赖性会导致信号退化，因此子脉冲在沿长度方向传播时会集体变宽，这种集体脉冲扩展被称为色散、群速度色散或模内色散。其中，以 ps/(THz·cm) 定量测量群速度色散参数，计算公式为

$$D = \frac{\mathrm{d}^2 R_{\text{e}}(\beta)}{\mathrm{d}\omega^2} = \frac{1}{c} \left(2 \frac{\mathrm{d}n}{\mathrm{d}\omega} + \omega \frac{\mathrm{d}^2 n}{\mathrm{d}\omega^2} \right) \ \text{ps/(THz·cm)} \tag{3-59}$$

式中：n 为模态有效折射率；β 为光纤的模态传播常数。

7. 相对灵敏度

相对灵敏度是衡量太赫兹光纤传感能力的关键参数，通常由光纤结构的有效折射率、被测物质的有效折射率和光通过率决定。其用来表示与被测物体相互作用的太赫兹波量。其计算公式为

$$R = \frac{n_{\mathrm{r}}}{n_{\mathrm{eff}}}P \tag{3-60}$$

式中：P 为纤芯区域的功率分数，根据坡印廷定理，可表示为

$$P = \frac{\int_{\mathrm{sample}} R_{\mathrm{e}}(E_x H_y - E_y H_x)\,\mathrm{d}x\mathrm{d}y}{\int_{\mathrm{total}} R_{\mathrm{e}}(E_x H_y - E_y H_x)\,\mathrm{d}x\mathrm{d}y} \tag{3-61}$$

式中：E_x、H_x 分别表示电场和磁场在横向的分量；E_y、H_y 分别表示电场和磁场在纵向的分量。

8. 有效模场面积

太赫兹光纤的有效模场面积受到外加电压和本身结构的影响，一般通过合理的结构来获得小范围的有效模场面积。有效模场面积越小的光纤，在相同的光功率下光强会大很多，因此非线性效应会更加显著，同时弯曲损耗会较小，并且受外界干扰也较小。其计算公式为

$$A_{\mathrm{eff}} = \frac{\left[\iint |E(x,y)|^2 \mathrm{d}x\mathrm{d}y\right]^2}{\iint |E(x,y)|^4 \mathrm{d}x\mathrm{d}y} \tag{3-62}$$

式中：$E(x,y)$ 为电场分布。

9. 数值孔径

数值孔径代表了光纤的聚光能力，与纤芯和包层的折射率有关。其计算公式为

$$NA = \frac{1}{\sqrt{1 + \dfrac{\pi A_{\mathrm{eff}} f^2}{c^2}}} \tag{3-63}$$

式中：A_{eff} 为有效模场面积；f 为传输频率。

10. 功率分数

功率分数用于测量在特定光纤区域和频率流过光纤的功率量。它被定义为特定区域的功率与整个光纤的功率之比。功率揭示了关于光纤特定区域径向功率分布的附加信息。所谓的特定区域，可以是纤芯气孔区域、纤芯和包层气孔区域，

也可以是纤芯和包层的材料区域。其计算公式为

$$P = \frac{\int_{area} S_x dA}{\int_{all} S_z dA} \tag{3-64}$$

式中：area 表示选定的区域；all 表示所有区域。

3.3.3　太赫兹光纤的加工方法

普通光纤加工一般分为两步，第一步是制备结构完整的预制棒，预制棒是与所需光纤截面结构相同但是体积放大后的结构；第二步是对预制棒加热拉伸以达到所需光纤的直径。太赫兹光纤由于太赫兹波长较长，束缚太赫兹波的光纤尺寸通常比较大，因此在制作太赫兹光纤时可以通过 3D 打印技术直接加工。具体的微结构光纤常用的制备方法包括钻孔法、堆叠法、牺牲聚合物法、成型/光纤充气法、挤出法、3D 打印法、光纤拉伸法等。

1. 钻孔法

钻孔法是一种比较直接的方法，利用机械加工，将带有刃口的钻头一边旋转一边沿轴向给进，把刃口接触的材料切削成碎屑排出来形成孔洞。钻孔法被广泛用于制作带有圆孔的微结构和光子晶体预制棒，计算机数控(CNC)钻床提供了高精度制造复杂结构预制棒的能力。澳大利亚悉尼大学于 2004 年制作了最小孔径为 1 mm、空气孔间壁厚最小 0.1 mm、最长可达 65 mm 的光纤，如图 3.41 所示。

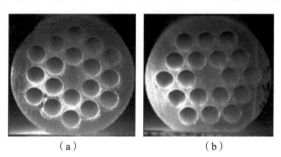

（a）　　　　　　　　　（b）

图 3.41　澳大利亚悉尼大学制作的小孔径光纤

应注意的是，需要优化钻孔参数，如切割速度、主轴速度和切割深度等，以避免由于高温导致气孔表面粗糙或聚合物熔化。同时，钻头的尺寸限制了预制棒的最大长度，并决定了可钻孔的数量。为了控制系统温度和防止孔眼变形，钻孔期间需要液体冷却剂。此外，钻头的使用寿命很短，频繁更换使得整个制造过程复杂且耗时。对于高空气填充率光纤结构，很难保持相邻气孔之间薄壁的机械

强度。

2. 堆叠法

堆叠法是在预制棒中创建孔洞图案的另一种方法，通过将许多聚合物毛细管手工堆放，并与聚合物夹套捆绑在一起，以制备最终预制棒。预制棒的微结构层与普通的薄塑料管连接在一起，利用被动或主动压力制作不同孔型的复杂结构。这种方式可以改变圆形孔洞的形状，如图3.42所示，对于空心光纤和高空气填充率的多孔光纤，堆叠是最常用的预制棒制备方法。手工堆放对于大批量生产来说是劳动密集和耗时的，但该技术可以克服钻孔施加的预制棒长度的限制和钻头的弊端。以堆叠方式实现的最大孔隙率为8%~18%。

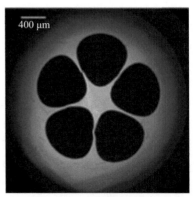

图3.42　堆叠法制作示意

3. 牺牲聚合物法

牺牲聚合物法是一种减法工艺。牺牲棒堆放在微结构模具中，不与聚合物材料接触，但与它共同拉伸。该技术的优点是，由于预制棒不含孔洞，所以可以消除拉拔过程中的孔塌陷。PMMA棒溶于四氢呋喃（THF）中，光纤中露出空气孔。牺牲材料应具有比铸造材料更高的玻璃化转变温度。一种孔隙率为29%~45%的微结构亚波长光纤已经制造出长度为几米的光纤。但是，要去除不需要的材料并干燥纤维，需要长时间的后处理。

4. 成型/光纤充气法

成型法是在微结构模具中铸造光纤预制棒的过程。微结构模具采用特殊结构对齐，以组装大量聚四氟乙烯涂层或底端密封二氧化硅毛细管。二氧化硅毛细管放置在大直径石英管的密封底端，以便在预制棒中加压。管内填充聚合物颗粒，并放入熔炉中熔化。冷却后，将实心杆从凝固的铸造预制棒上移除。对合成预制棒中的气孔进行加压，以防止在拉伸过程中完全塌孔，足够的气压使气孔膨胀，最大孔隙率为86%。通过改变模具结构和排列，该成型法适用于孔模式中的任意形状和尺寸。这种方法的一个缺点是，在异常加压的情况下，多孔横截面可能发生变形。

5. 挤出法

挤出法是制造聚合物预制棒或直接从坯料或颗粒中制造光纤的常用方法。挤压模具出口的几何体定义了光纤横截面，如图3.43所示。挤压法已应用于微结构光纤设计,如蜘蛛网多孔光纤、矩形多孔光纤、反谐振光纤等。挤压的关键步骤是模具的设计和加工。每次挤压都需要一个新的模具(或密集的清洁过程),这使得制造技术既昂贵又耗时。它的特点是,使用挤压法可以制造不同的光纤结构。

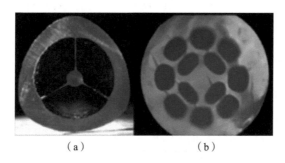

（a）　　　　　　　　（b）

图 3.43　挤出模具的截面示意

注塑机的主要结构有螺杆、加热器、料筒、料斗、模具和液压油缸等,如图 3.44 所示。可塑性聚合物颗粒料储存在料斗内,按照设定的供给速度进入料筒,料筒周围有温度可控的加热器,颗粒料被加热软化的同时被旋转的螺杆挤压塑化,成为均匀的黏性流体,在螺杆的推动下向注射口流动,当流体充满料筒时,螺杆后端的液压油缸启动,把螺杆向前推进,像注射器一样把熔融的聚合物流体射入模具内部,最后等模具温度下降、材料成型后,通过合模系统打开模具,取出产品。

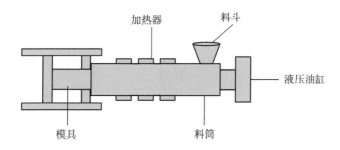

图 3.44　注塑机的结构示意

6. 3D 打印法

3D 打印法是制作太赫兹光纤的一种成熟且相对容易的方法。最广泛使用的 3D 打印法有 3 种:立体光刻 SLA(使用激光扫描仪固化液体树脂)、熔丝法 FDM(使用喷嘴软化 Zeonex、Topas、PMMA、PC、PE、ABS、尼龙)和聚合物喷射技术(在打印头上使用紫外线灯固化丙烯酸聚合物和水溶性聚合物层)。每种方法都适用于一系列太赫兹光纤制造技术。3D 打印工艺允许在单一阶段工艺中进行准备，形成复杂的光纤几何形状，无须任何加工或绘图。3D 打印方法允许光纤设计的快速原型制作，且制造周期缩短。3D 打印技术的局限性在于材料的选择需要为改善表面粗糙度而折中。使用 FDM 可以具有多种不同聚合物的能力，但是会增加表面粗糙度。SLA 技术可以改善表面粗糙度，但材料的选择会受到限制。

7. 光纤拉伸法

采用光纤拉伸法将预制棒加热拉伸成光纤。石英的拉伸温度在 1000 ℃以上，多成分玻璃拉伸温度在几百摄氏度以上，聚合物的拉丝温度在 200 ℃以下。预制棒拉伸系统主要由送棒系统、加热系统、拉丝系统、收丝系统和控制系统五大部分组成。拉丝过程如图 3.45 所示。送棒系统由步进电动机、滑动丝杠、预制棒夹具等构成，主要是将预制棒以恒定的速度送入加热系统；加热系统给预制棒加热使其局部达到拉丝温度，在拉丝过程中保持温度和温度梯度恒定。聚合物材料导热性较差，为防止预制棒表皮受热过快而流动，可采用逐步升温的方式，一般从 120 ℃开始，每过 15 min 升高 10 ℃，温度达到 170 ℃后，停止升温。拉丝系统由牵引装置、固定导向轮、激光测径仪等构成，激光测径仪对光纤的直径进行测量，并反馈到控制系统；收丝系统主要由摆杆式张力检测器和收丝、排丝装置组成；控制系统是整个拉丝塔的大脑，按照操作人员设定的参数，负责调节及控制送棒速度、加热温度、牵引速度、收丝速度等。

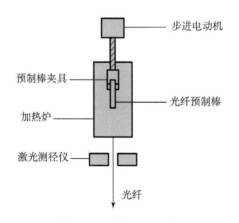

图 3.45　拉丝过程示意

在拉丝过程中，光纤的直径与拉丝的温度和速度有关。通常的做法是先确定某个温度，再调节其他参数来控制丝径。光纤牵引速度 v_{draw}、预制棒送棒速度

v_{feed}、预制棒直径 D、光纤直径 d 四个参数在稳态条件下有如下关系：

$$\frac{D^2}{d^2} = \frac{v_{\text{draw}}}{v_{\text{feed}}} \tag{3-65}$$

光纤直径与预制棒直径的关系为

$$d = D \sqrt{\frac{v_{\text{feed}}}{v_{\text{draw}}}} \tag{3-66}$$

在合适的恒定加热温度下，光纤直径可以通过准确调节送棒与牵引速度的比例来加以控制。

3.3.4　太赫兹光纤的分析方法

1. 有效折射率法

有效折射率法是一种分析折射率引导型光子晶体光纤的方法。它是将光子晶体光纤等效为一阶跃型折射率光纤进行模拟研究，即将光纤中带有空气孔的包层等效为一个低折射率层。尽管最初所用的简单的标量近似方法在计算包层的有效折射率以及求解等效的阶跃型折射率光纤的特征方程时带来较大的误差，但目前所用的全矢量有效折射率方法已经可以达到很高的精度了。

光子晶体光纤的模式特征主要由其基模决定，因此全矢量有效折射率法是首先建立将光子晶体光纤等效为一阶跃型折射率光纤后的全矢量基模特征方程，而后类比于此特征方程可以直接得到求解包层有效折射率的矢量特征方程。这还可以避免繁杂的推导过程。在求出包层的等效折射率后，再求解等效的阶跃型折射率光纤的基模特征方程得到模式的传播常数和模式的有效折射率，最后求得光子晶体光纤的波导色散和总色散。这种方法的物理图像清晰，相对简单，还可以满足较高的精度要求，但它在分析光波模式和偏振特性方面存在不足。

2. 光束传播法

20 世纪 70 年代末，Fleck 等首次提出光束传播方法(BPM)，并将其应用于分析与时间相关的大气高能激光束的传播特性。随着对这种数值分析方法研究的不断深入，光束传播方法已广泛应用于各种光波导器件结构和特性的分析，并已成为研究光波导器件最有效的数值分析方法之一。光束传播法的本质是波动方程，它是通过麦克斯韦方程演变过来的。电磁波在非均匀介质中的传播可以由麦克斯韦方程组表示为

$$
\begin{cases}
\nabla E = -\dfrac{\partial B}{\partial t} \\[2mm]
\nabla H = \dfrac{\partial D}{\partial t} + J \\[2mm]
\nabla D = \rho \\[2mm]
\nabla B = 0
\end{cases}
\tag{3-67}
$$

式中：E、B、H、D、J 和 ρ 分别为介质的电场强度（V/m）、磁通量密度（Wb/m^2）、磁场强度（A/m）、电通量密度（C/m^2）、电流密度（A/m^2）和电荷密度（C/m^3）。

再结合物质方程：$D = \varepsilon E$ 和 $B = \mu_0 H$。其中，ε 为介电常数（F/m）；μ_0 为磁导率（H/m）。式（3-67）中第一及第二个公式的旋度分别为

$$
\mathrm{rot}(\nabla E) = -\varepsilon \mu_0 \frac{\partial^2 E}{\partial t^2}
\tag{3-68}
$$

$$
\mathrm{rot}(\nabla H) = \frac{\nabla \varepsilon (\nabla H)}{\varepsilon} - \varepsilon \mu_0 \frac{\partial^2 H}{\partial t^2}
\tag{3-69}
$$

考虑到场对时间的依赖，将式（3-68）和式（3-69）转化到频率域范围内，则电场、磁场满足的波动方程分别为

$$
\nabla^2 E + \nabla \left(\frac{\nabla \varepsilon \Delta E}{\varepsilon} \right) - \varepsilon \mu_0 \frac{\partial^2 E}{\partial t^2} = 0
\tag{3-70}
$$

$$
\nabla^2 H + \frac{\nabla \varepsilon (\nabla H)}{\varepsilon} - \varepsilon \mu_0 \frac{\partial^2 H}{\partial t^2} = 0
\tag{3-71}
$$

式中：k_0 为真空中的波数。

将式（3-70）和式（3-71）改写为横电波 TE 波模式及横磁波 TM 模式，分别为

$$
\nabla^2 E_x + \frac{\partial}{\partial y} \left[\frac{1}{\varepsilon_r} \left(\frac{\partial \varepsilon_r}{\partial x} E_x + \frac{\partial \varepsilon_r}{\partial y} E_y \right) \right] - \varepsilon_r k_0^2 E_x = 0
\tag{3-72}
$$

$$
\nabla^2 E_y + \frac{\partial}{\partial x} \left[\frac{1}{\varepsilon_r} \left(\frac{\partial \varepsilon_r}{\partial x} E_x + \frac{\partial \varepsilon_r}{\partial y} E_y \right) \right] - \varepsilon_r k_0^2 E_y = 0
\tag{3-73}
$$

$$
\nabla^2 H_x + \frac{1}{\varepsilon_r} \frac{\partial \varepsilon_r}{\partial y} \left(\frac{\partial H_y}{\partial x} - \frac{\partial H_x}{\partial y} \right) - \frac{1}{\varepsilon_r} \frac{\partial \varepsilon_r}{\partial z} \frac{\partial H_x}{\partial z} - \varepsilon_r k_0^2 H_x = 0
\tag{3-74}
$$

$$
\nabla^2 H_y + \frac{1}{\varepsilon_r} \frac{\partial \varepsilon_r}{\partial x} \left(\frac{\partial H_x}{\partial y} - \frac{\partial H_y}{\partial x} \right) - \frac{1}{\varepsilon_r} \frac{\partial \varepsilon_r}{\partial z} \frac{\partial H_x}{\partial z} - \varepsilon_r k_0^2 H_y = 0
\tag{3-75}
$$

3. 平面波展开法

平面波展开法（Plane Wave Expansion Method，PWE）是光子晶体理论中物理概念最清晰的方法之一，可以用于处理一维、二维、三维复杂的周期性结构问

题。它可以计算光子晶体的能带结构，包括光子带隙的位置和宽度等，可以有效对带隙型光子晶体光纤进行模拟计算分析。该方法是从麦克斯韦方程得到电磁场的全矢量方程后，首先将模场分解为平面波分量的叠加，同时将折射率展开为傅里叶级数；然后再将以上分解带回电磁场的全矢量方程求解。具体分析过程如下。

电磁波在介质中的传播满足麦克斯韦方程组：

$$\nabla D = \rho$$

$$\nabla B = 0$$

$$\nabla E = -\frac{\partial B}{\partial t} \tag{3-76}$$

$$\nabla H = J + \frac{\partial D}{\partial t}$$

式中：D 为电位移矢量；B 为磁感应强度；E 为电场强度；H 为磁场强度；J 为电流密度；ρ 为自由电荷密度；t 为时间变量。

物质方程：

$$\begin{cases} J = \sigma E \\ D = \varepsilon E \\ B = \mu H \end{cases} \tag{3-77}$$

式中：σ 为电导率；ε 为介电常数；μ 为磁导率。

若考虑到空间无自由电荷和电流，则 $\rho = 0$，$J = 0$。若不考虑分子大小和磁矩等因素，介质的介电常数与频率无关，即为非磁性、非色散、无损介质，$\varepsilon = \varepsilon_0 \varepsilon(r)$，$\mu = \mu_0$。其中，$\varepsilon_0$ 和 μ_0 分别为真空中的介电常数和真空中的磁导率；$\varepsilon(r)$ 为相对介电常数。将上述条件与式(3-77)代入式(3-76)，可得

$$\begin{cases} \nabla \varepsilon_0 \varepsilon(r) E = 0 \\ \nabla \mu_0 H = 0 \\ \nabla E + \mu_0 \dfrac{\partial H}{\partial t} = 0 \\ \nabla H - \varepsilon_0 \varepsilon(r) \dfrac{\partial E}{\partial t} = 0 \end{cases} \tag{3-78}$$

若考虑一个频率为 ω 且具有 $e^{i\omega t}$ 谐波特征的单色电磁波，设：

$$\begin{cases} E = E(r) e^{i\omega t} \\ H = H(r) e^{i\omega t} \end{cases} \tag{3-79}$$

将式(3-79)代入式(3-78)并分离相关量，可得

$$\begin{cases} \nabla\varepsilon_0\varepsilon(\boldsymbol{r})\boldsymbol{E}(\boldsymbol{r}) = 0 \\ \nabla\mu_0\boldsymbol{H}(\boldsymbol{r}) = 0 \\ \nabla\boldsymbol{E}(\boldsymbol{r}) + \mathrm{i}\omega\mu_0\boldsymbol{H}(\boldsymbol{r}) = 0 \\ \nabla\boldsymbol{H}(\boldsymbol{r}) - \mathrm{i}\omega\varepsilon_0\varepsilon(\boldsymbol{r})\boldsymbol{E}(\boldsymbol{r}) = 0 \end{cases} \tag{3-80}$$

式(3-80)分别消去 $\boldsymbol{E}$、$\boldsymbol{H}$ 可得

$$\nabla\Big[\frac{1}{\varepsilon(\boldsymbol{r})}\nabla\boldsymbol{H}(\boldsymbol{r})\Big] = \Big(\frac{\omega}{c}\Big)^2\boldsymbol{H}(\boldsymbol{r}) \tag{3-81}$$

$$\nabla\nabla\boldsymbol{E}(\boldsymbol{r}) = \Big(\frac{\omega}{c}\Big)^2\varepsilon(\boldsymbol{r})\boldsymbol{E}(\boldsymbol{r}) \tag{3-82}$$

式中：$c = \dfrac{1}{\sqrt{\varepsilon_0\mu_0}}$，为真空中的光速。上述两个方程是通过麦克斯韦方程组得到的亥姆霍兹(Helmholtz)方程。比较式(3-81)和式(3-82)可知，由于 $\varepsilon(\boldsymbol{r})$ 与位置有关，虽然 $\nabla(\varepsilon\boldsymbol{E}) = \nabla\boldsymbol{D} = 0$，但是 $\nabla\boldsymbol{E} \neq 0$，而 $\nabla\cdot\boldsymbol{H} = \dfrac{1}{\mu}\nabla\boldsymbol{B} = 0$，因此如果用电场 $\boldsymbol{E}$ 作为方程变量，本征方程将涉及 $\boldsymbol{E}$ 的三个分量，方程的维数是 $3N\times3N$；如果用磁场 $\boldsymbol{H}$ 作为方程变量，本征方程将只涉及 $\boldsymbol{H}$ 的两个分量，方程的位数为 $2N\times2N$。为了减少计算，通常选取 $\boldsymbol{H}$ 作为本征方程变量，即选择式(3-81)作为主方程求解。

在光子晶体中，介电常数 $\varepsilon(\boldsymbol{r})$ 具有空间周期性，根据 Bloch 定理，将 $\varepsilon(\boldsymbol{r})$ 的倒数展开成以晶格的倒格矢为波矢量的平面波形式：

$$\frac{1}{\varepsilon(\boldsymbol{r})} = \sum_{\boldsymbol{G}}V(\boldsymbol{G})\mathrm{e}^{\mathrm{i}\boldsymbol{G}\boldsymbol{r}} \tag{3-83}$$

式中：$\boldsymbol{G}$ 为倒格矢。

同样，根据 Bloch 定理，将磁场 $\boldsymbol{H}(\boldsymbol{r})$ 写成平面波展开形式：

$$\boldsymbol{H}(\boldsymbol{r}) = \boldsymbol{\mu}_k(\boldsymbol{r})\mathrm{e}^{\mathrm{i}\boldsymbol{k}\boldsymbol{r}} \tag{3-84}$$

式中：$\boldsymbol{k}$ 为晶格在布里渊区中的波矢量；$\boldsymbol{\mu}_k(\boldsymbol{r}) = \boldsymbol{\mu}_k(\boldsymbol{r}+\boldsymbol{R})$，为周期函数，将其倒空开并代入式(3-84)可得

$$\boldsymbol{H}(\boldsymbol{r}) = \boldsymbol{h}_k(\boldsymbol{G})\mathrm{e}^{\mathrm{i}(\boldsymbol{k}+\boldsymbol{G})\boldsymbol{r}} \tag{3-85}$$

因为 $\nabla\boldsymbol{H}(\boldsymbol{r}) = 0$，所以 $\boldsymbol{h}_k(\boldsymbol{G})(\boldsymbol{k}+\boldsymbol{G}) = 0$，即 $\boldsymbol{h}_k(\boldsymbol{G})$ 是由两个与 $(\boldsymbol{k}+\boldsymbol{G})$ 垂直的正交矢量叠加组成，设

$$\boldsymbol{h}_k(\boldsymbol{G}) = h_{1k}(\boldsymbol{G})\boldsymbol{e}_1 + h_{2k}(\boldsymbol{G})\boldsymbol{e}_2 \tag{3-86}$$

式中：$\boldsymbol{e}_1$、$\boldsymbol{e}_2$ 分别为垂直于 $(\boldsymbol{k}+\boldsymbol{G})$ 的正交单位矢量。

将式(3-86)代入式(3-85)可得

$$\boldsymbol{H}(\boldsymbol{r}) = \sum_{\boldsymbol{G}}\big[h_{1k}(\boldsymbol{G})\boldsymbol{e}_1 + h_{2k}(\boldsymbol{G})\boldsymbol{e}_2\big]\mathrm{e}^{\mathrm{i}(\boldsymbol{k}+\boldsymbol{G})\boldsymbol{r}} \tag{3-87}$$

将式(3-83)和式(3-86)代入式(3-80)，得

$$H_{G,G'} = |\boldsymbol{k}+\boldsymbol{G}||\boldsymbol{k}+\boldsymbol{G}'|V(\boldsymbol{G}-\boldsymbol{G}')\begin{bmatrix} e_2 e_2' & -e_2 e_1' \\ -e_1 e_2' & e_1 e_1' \end{bmatrix} \qquad (3-88)$$

此即为 PWE 的本征方程，通过对角化矩阵 $H_{G,G'}$ 可求得各本征值。

平面波展开法的优点是没有引入假设条件，为频带结构的计算提供了一个稳定可靠的算法；编程直观简单，可以借助现有算法库中的傅里叶变换、矩阵对角化等标准程序。缺点是计算量较大，与平面波数量成立方关系；并且当光子晶体结构复杂或在处理有缺陷的体系时，需要大量的平面波，可能因为计算能力的限制而不能计算或难以准确计算；由于使用周期性边界条件，所以对不规则分布结构无法处理；而且如果介电常数随频率变化，就没有确定的本征方程形式，从而无法求解。

4. 有限元法

有限元法(Finite Element Method，FEM)即在有限边界下进行物理场问题的一种求解分析方法。有限元的原理在数学上首先是由 R. Courant 于 1943 年提出，最早应用于航空结构和土木结构等工程分析上。它的原理是将求解域进行离散化，并转换为有限数量的互连的子区域，然后对每一子区域进行求解，得到近似解，通过子区域的解的叠加从而得到求解域总的解。有限元计算得到的是近似解，与真实值之间有一定偏差，但总体而言，计算结果较为准确，而且能适用于各种复杂的几何形状，所以成为行之有效的工程技术分析方法。有限元法被广泛应用于各种结构的波导的理论研究中。在建立波导模型时，认为波导在传输方向上是均匀的，因此通常将波导简化为二维结构，取波导的截面区域作为求解域。

(1)求解本征函数方程。光子晶体作为光子传输的有效途径，研究其模场分布情况具有重要的理论意义。满足亥姆霍兹(Helmholtz)方程的电场 $\boldsymbol{E}$、磁场 $\boldsymbol{H}$ 的方程如下：

$$\begin{cases} \nabla\left(\dfrac{1}{\mu_r}\nabla \boldsymbol{E}\right) - k_0^2 \varepsilon_r \boldsymbol{E} = 0 \\ \nabla\left(\dfrac{1}{\varepsilon_r}\nabla \boldsymbol{H}\right) - k_0^2 \mu_r \boldsymbol{H} = 0 \end{cases} \qquad (3-89)$$

式中：μ_r 为介质材料的相对磁导率张量；ε_r 为相对电导率张量。

设波导中光的传输方向沿 z 轴传播，则电场可表示为

$$E(x, y, z) = E(x, y)\exp(-\mathrm{j}\beta_z) \qquad (3-90)$$

将式(3-90)电场以边值变分形式代入式(3-89)，可得泛函表达式：

$$F(E) = \frac{1}{2}\iint\limits_{\Omega}\left[\frac{1}{\mu_r}(\nabla_t E_t)(\nabla_t E_t)^* - k_0^2 \varepsilon_r EE^* + \right.$$

$$\frac{1}{\mu_r}(\nabla_t E_z + \mathrm{j}\beta E_t)(\nabla_t E_z + \mathrm{j}\beta E_t)^* \Big]\mathrm{d}\Omega \qquad (3-91)$$

式中：∇_t、E_t、E_z 为哈密顿算子横向分量、电场横向分量、电场 z 分量。设 $\varphi_t = \beta E_t$、$\varphi_z = -\mathrm{j}E_z$ 并代入式(3-91)，则求解得本征值 β^2 的本征函数方程。

（2）对结构进行离散化处理。将所研究的波导进行网格划分，各个节点连线形成密集多个的微小区域，所划分的区域通常为三角形、四边形，如果模型需要用到映射条件，映射离散区域为矩形，那么模拟计算的运行时间与网格的精细度、网格个数有着直接的联系。所以网格的尺寸越小、精细度越高、网格个数越多，所需计算时间也就越长。为减少计算机所占内存要求与运行时间，离散化的模型通常在光子晶体气孔周围离散化网格较密集，在结构较少的部分网格较疏。

（3）求解插值函数。在进行离散化处理后，三角形单元结构有三个节点，第 k 个三角区电场的纵向分量为

$$\varphi_z^k = \sum_{i=1}^{3} P_i^k \varphi_{zi}^k = \{P^k\}^\mathrm{T}\{\varphi_z^k\} = \{\varphi_z^k\}^\mathrm{T}\{P^k\} \qquad (3-92)$$

式中：φ_{zi}^k 代表第 k 个三角形第 i 个节点的 z 分量；P_i^k 为线性插值函数，即

$$P_i^k = \frac{1}{2\Delta^k}(\mu_i^k + v_i^k + w_i^k) \qquad (3-93)$$

式中：Δ^k 表示第 k 个三角形的面积；μ_i^k、v_i^k、w_i^k 分别表示为

$$\begin{cases}\mu_1^k = x_2^k y_3^k - x_3^k y_2^k \\ \mu_2^k = x_3^k y_1^k - x_1^k y_3^k \\ \mu_3^k = x_1^k y_2^k - x_2^k y_1^k\end{cases} \begin{cases}v_1^k = y_2^k - y_3^k \\ v_2^k = y_3^k - y_1^k \\ v_3^k = y_1^k - y_2^k\end{cases} \begin{cases}w_1^k = x_3^k - x_2^k \\ w_2^k = x_1^k - x_3^k \\ w_3^k = x_2^k - x_1^k\end{cases} \qquad (3-94)$$

设第 k 个三角形的第 i 条边长度为 j_i^k，将矢量函数为 R_{12}、R_{23}、R_{31} 进行归一化，计算出三角形的归一化线性差分函数，第 k 个三角单元格电场的横向分量表示为

$$\varphi_t^k = \sum_{i=1}^{3} Q_i^k \varphi_{ti}^k = \boldsymbol{Q}^{k\mathrm{T}}\boldsymbol{\varphi}_t^k = \boldsymbol{\varphi}_t^{k\mathrm{T}}\boldsymbol{Q}^k \qquad (3-95)$$

设 Ω^k 单元为 k 的三角形区域，单元矩阵可求解得出：

$$\boldsymbol{S}_{tt}^k = \iint_{\Omega^k}\Big[\frac{1}{\mu_r}\{\nabla_t\boldsymbol{Q}^k\}\{\nabla_t\boldsymbol{Q}^k\}^\mathrm{T} - k_0^2\varepsilon_r\boldsymbol{Q}^k\boldsymbol{Q}^{k\mathrm{T}}\Big]\mathrm{d}\Omega \qquad (3-96)$$

对其本征方程求解，得到传输模型的传播常数及电场的分布情况。

5. 时域有限差分法

时域有限差分法（Finite Difference Time Domain，FDTD）是由 Kane S. Yee 于1996年初次提出。它是基于离散的麦克斯韦方程，对波的传播方向不作任何假设，也不需要其他的理论假设，能直观地得到电磁波的传输特性，FDTD 法已成

为针对电磁学仿真计算中使用范围最广的方法之一。对于具有周期性结构的光子晶体，可以将一个单位原胞划分成许多网状小格，把麦克斯韦方程转化为离散的有限差分方程形式，在网格的边界处利用周期性的边界条件，将整个计算时间分为 T 个时间步，随着时间的推移，场被不断更新，当时间步足够长时，场会逐渐趋于稳定。然而周期性的结构模拟并不能总是很好地适应实际的有限尺寸的结构。对于周期性结构中存在缺陷或晶体不具备周期性时，可以使用非周期性的边界条件，目前使用最广泛的边界条件是完全匹配层吸收边界条件。

二维 TM、TE 两种模式，麦克斯韦方程组为

$$\begin{cases} \dfrac{\partial E_z}{\partial y} = -\dfrac{\partial H_x}{\partial t} - \sigma_m H_x \\[2mm] \dfrac{\partial E_z}{\partial x} = \mu\dfrac{\partial H_y}{\partial t} + \sigma_m H_y \\[2mm] \dfrac{\partial H_y}{\partial x} - \dfrac{\partial H_x}{\partial x} = \varepsilon\dfrac{\partial E_z}{\partial t} + \sigma_m E_z \end{cases} \tag{3-97}$$

式中：E_x、E_y、E_z 分别表示 E 在 x 轴、y 轴、z 轴方向的电场分量；H_x、H_y、H_z 分别表示 H 在 x 轴、y 轴、z 轴方向的磁场分量；σ_m 为电导率；ε 为介电常数；μ 为磁导率。

对电场方向进行空间、时间离散化处理，方程组为

$$\begin{cases} E_x^n\left(i+\dfrac{1}{2},\ j,\ k\right) = E_x\left[\left(i+\dfrac{1}{2}\right)\Delta x,\ j\Delta y,\ k\Delta z,\ n\Delta t\right] \\[2mm] E_y^n\left(i,\ j+\dfrac{1}{2},\ k\right) = E_x\left[i\Delta x,\ \left(j+\dfrac{1}{2}\right)\Delta y,\ k\Delta z,\ n\Delta t\right] \\[2mm] E_z^n\left(i,\ j,\ k+\dfrac{1}{2}\right) = E_x\left[i\Delta x,\ j\Delta y,\ \left(k+\dfrac{1}{2}\right)\Delta z,\ n\Delta t\right] \end{cases} \tag{3-98}$$

在磁场方向进行空间、时间离散化处理，方程组为

$$\begin{cases} H_x^{n+\frac{1}{2}}\left(i,\ j+\dfrac{1}{2},\ k+\dfrac{1}{2}\right) = H_x\left[i\Delta x,\ \left(j+\dfrac{1}{2}\right)\Delta y,\ \left(k+\dfrac{1}{2}\right)\Delta z,\ \left(n+\dfrac{1}{2}\right)\Delta t\right] \\[2mm] H_y^{n+\frac{1}{2}}\left(i+\dfrac{1}{2},\ j,\ k+\dfrac{1}{2}\right) = H_x\left[\left(i+\dfrac{1}{2}\right)\Delta x,\ j\Delta y,\ \left(k+\dfrac{1}{2}\right)\Delta z,\ \left(n+\dfrac{1}{2}\right)\Delta t\right] \\[2mm] H_z^{n+\frac{1}{2}}\left(i+\dfrac{1}{2},\ j+\dfrac{1}{2},\ k\right) = H_x\left[\left(i+\dfrac{1}{2}\right)\Delta x,\ \left(j+\dfrac{1}{2}\right)\Delta y,\ k\Delta z,\ \left(n+\dfrac{1}{2}\right)\Delta t\right] \end{cases} \tag{3-99}$$

电场、磁场经离散处理后可推导出麦克斯韦的递推形式。

时域有限差分法的一个主要优点就是在一次运行过程中记录下所观察的网格点处的每个时间步的场值，对记录的场值作傅里叶变换就可以得到整个频率范围内的频率响应。因此它被广泛用于复杂结构太赫兹光纤的模拟和分析。

3.3.5 太赫兹反谐振光纤设计

1. 反谐振光纤导光原理

传统光纤的导光机理是依赖全反射原理，借由较高折射率的纤芯材料和较低折射率的包层材料，当光从纤芯介质入射到包层介质时发生全反射，光保持在较高折射率的纤芯介质中传播。不同于此，反谐振反射式光波导（Anti Resonant Reflective Optical Waveguide，ARROW）理论模型允许光在较低折射率的芯区介质中传输。在光纤中处于谐振波长的芯模，会通过谐振耦合到包层而衰减掉，非谐振耦合波段的芯模，则可在纤芯中稳定传输，这类光纤也被命名为 HC – ARF。

最简化的 HC – ARF 模型为单个空芯薄壁管，如图 3.46 所示。图中，n_1 是玻璃材料折射率，n_0 是空气折射率，空芯管壁厚为 t，k_L 与 k_T 分别为纵向与横向传播常数。HC – ARF 的纤芯尺寸比较大，通常纤芯直径为波长的 10 倍以上。因此，在空芯薄壁管模型中，其空芯直径远大于波长。

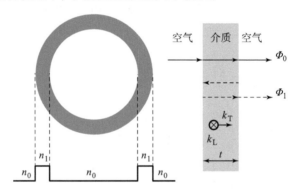

图 3.46　空心薄壁管模型

对在空芯中传输的光而言，可以认为其有效折射率是接近于空气的折射率，即纵向传播常数 k_L 接近于 $n_0 k_0$，在空芯区域的横向传播常数接近于零；在玻璃壁中区域的横向传播常数 k_T 认为是 $\sqrt{k_0^2 n_1^2 - k_0^2 n_0^2}$，光在玻璃壁中传播一次往返之后的相位变化为 $2t\sqrt{k_0^2 n_1^2 - k_0^2 n_0^2}$。下面设空芯中的光直接经过玻璃壁而没有额外反射的情况下到达玻璃壁另一侧的相位是 Φ_0；而经过一次折返的，也就是在玻璃壁两个表面都发生一次反射的，光到达玻璃壁另一侧时的相位是 Φ_1。

这两类光间的相位差 $\Phi_1 - \Phi_0 = \sqrt{k_0^2 n_1^2 - k_0^2 n_0^2}$，如果为 π 的偶数倍，则光在玻璃壁另一侧相干增强，此时玻璃壁无法将光限制在空芯中，光泄漏到玻璃壁的另一侧，称为谐振，此时的相位条件即谐振条件；如果为奇数倍，则光会在玻璃壁另一侧相干相消，此时玻璃壁将光限制在空芯中，泄漏不到玻璃壁的另一侧，称为反谐振。对应的相位条件即反谐振条件。根据谐振时的相位条件，可以推导出当壁厚以及材料折射率确定时，满足谐振条件的波长，对应的波长就被称为谐振波长。公式推导过程如下：

$$2t\sqrt{k_0^2 n_1^2 - k_0^2 n_0^2} = 2m\pi, \ m \in \mathbf{N}^+ \tag{3-100}$$

$$2t\frac{2\pi}{\lambda}\sqrt{n_1^2 - n_0^2} = 2m\pi \tag{3-101}$$

$$\lambda = \frac{2t}{m}\sqrt{n_1^2 - n_0^2} \tag{3-102}$$

对于空芯光纤 $n_0 = 1$，因此得到 HC-ARF 的谐振波长计算公式为

$$\lambda_m = \frac{2t}{m}\sqrt{n_1^2 - 1}, \ m \in \mathbf{N}^+ \tag{3-103}$$

同理可得反谐振波长的计算公式为

$$\lambda_m = \frac{2t}{m - 0.5}\sqrt{n_1^2 - 1}, \ m \in \mathbf{N}^+ \tag{3-104}$$

当光波长从反谐振波长变化到谐振波长的过程中，玻璃壁对光的束缚能力逐渐减弱，光逐渐泄漏到玻璃壁另一侧，限制损耗逐渐上升；反之，当光的波长从谐振波长逐渐变化到反谐振波长时，玻璃壁对光的束缚能力逐渐增强，光的泄漏逐渐减弱，限制损耗逐渐下降。因此，HC-ARF 具有多个通带，每一个 m 对应一个通带，并且从式（3-104）可以得知，谐振波长与 m 呈反比关系，因此对于越高的 m，其对应的通带带宽会越窄。

2. 数值分析方法

数值分析方法就是利用有限元仿真软件 COMSOL 中的波动光学模块在频域内对光纤进行模式分析。首先选定模型为二维，然后根据需要选择合适的物理场接口，选择研究为模式分析。具体步骤如下：

（1）基于麦克斯韦方程确定波导本征方程，在离散区域内构建模型，为模型设定适合的边界条件。对于光子晶体，通常选用完美匹配层作为吸收边界。

（2）设置与结构相匹配的网格条件进行单元网格剖分，网格被剖分得越细，最后所得结果的精确度越高。网格尺寸一般取半个波长左右，网格的精细度较为合适，运行时间适中。

（3）对纤芯有效折射率进行小范围搜索，找到所需模态的有效折射率数值，观察波导中电场分布情况。

（4）对所研究的物理量进行全局计算，得到相应数值，如双折射率、模态面积和功率分数等。

（5）对构建模型进行反复优化，找到符合其光学特性的最优结果。

3. 反谐振光纤结构设计

（1）空心管波导设计。

空心管波导是结构最简单的反谐振光纤，横截面示意如图 3.47 所示，一般为包层包裹大区域的空气心，包层材料为 COC（$n = 1.531$，$a = 0.2 \text{ cm}^{-1}$），管壁厚度 $t = 1 \text{ mm}$，包层内半径 $r_1 = 3 \text{ mm}$，$r_2 = 3.5 \text{ mm}$，利用 COMSOL 对结构进行模式分析，求解 $0.1 \sim 1 \text{ THz}$ 的空心管波导传输的有效折射率。

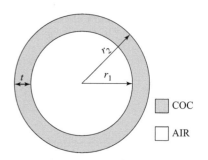

图 3.47　管波导横截面示意

光波在光纤中传播时，光纤支持的模态是复杂的多模态，可以被认为是各个模态的线性叠加。常见的传输模式如图 3.48 所示。其中，HE_{11}^x 模式与 HE_{11}^y 模式是 HE_{11} 模式的两种极化状态。在传输过程中，两个极化模式正交简并为 HE_{11} 模式，同时 HE_{11} 模式保持最低的传输损耗。在光纤设计过程中，为了降低传输损耗，通常需要保证其单模传输特性，抑制其他高阶模式。TE_{01} 模式和 TM_{01} 模式通常是除基模外，损耗最低的模式。其他高阶 HE_{21} 模式、HE_{31} 模式、HE_{41} 模式、TE_{02} 模式在传输过程中有较高损耗。图 3.48 所示中的箭头表示电场方向。

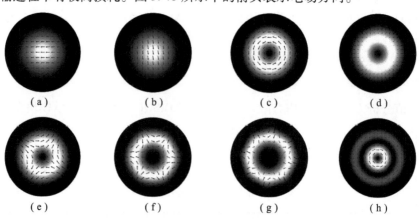

图 3.48　常见的光波传播模式

(a) HE_{11}^x 模式；(b) HE_{11}^y 模式；(c) TE_{01} 模式；(d) TM_{01} 模式；
(e) HE_{21} 模式；(f) HE_{31} 模式；(g) HE_{41} 模式；(h) TE_{02} 模式

在频率为 $0.1 \sim 1 \text{ THz}$ 时对上述模式进行了数值分析，主要展示了三种模式的计算结果。图 3.49 所示为 HE_{11}、TE_{01}、TM_{01} 三种模式随频率变化的有效折射率。由图可以发现，所有模式的折射率都随着频率的增大而增大。其中，HE_{11} 模式的有效折射率最高。图 3.50 所示为 HE_{11}、TE_{01} 和 TM_{01} 三种模式传输损耗随频率的变化而变化的情况。传输损耗是限制损耗与有效材料损耗之和。由图可以发现，这三种模式都呈现损耗随频率的增大而减小的现象，这是由于随着频率的增大，传输光波被束缚的能力增强，泄漏损耗逐渐减小的原因。其中，HE_{11}模式保持了最低的损耗值，在 0.1 THz 时，其最大值为 3.64 cm^{-1}，在 1 THz 约为 0.039 cm^{-1}，而 TE_{01} 和 TM_{01} 的损耗都高于 HE_{11} 模式。

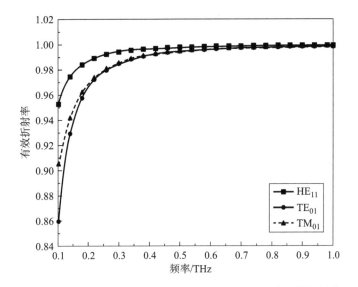

图 3.49　HE_{11}、TE_{01}、TM_{01} 三种模式随频率变化的有效折射率

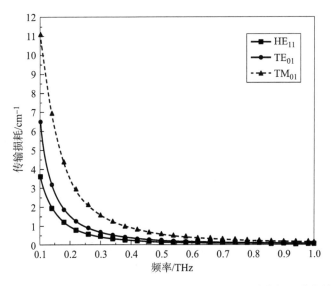

图 3.50　HE_{11}、TE_{01}、TM_{01} 三种模式传输损耗随频率的变化而变化的情况

有效模场面积和数值孔径随频率变化的结果如图 3.51 和图 3.52 所示，由图中可以发现，两者的值都随频率的增大而减小，所有模式的有效模场面积在 0.1～0.3 THz 频段间快速下降，0.3 THz 之后逐渐平缓。这表明有效模场面积越小，抗弯曲能力越强。HE_{11} 模式的数值孔径值在 0.3 THz 时最高，为 0.3；与其他模式相比，HE_{11} 模式具有最大的数值孔径，这正好对应有效模场中的结果。

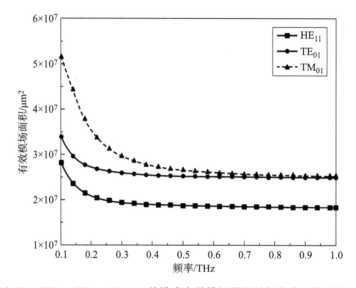

图 3.51 HE_{11}、TE_{01}、TM_{01} 三种模式有效模场面积随频率变经的结果示意

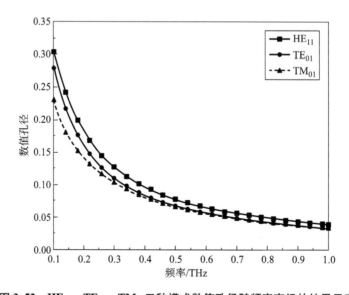

图 3.52 HE_{11}、TE_{01}、TM_{01} 三种模式数值孔径随频率变经的结果示意

（2）太赫兹反谐振光纤传感器设计。反谐振光纤传感器结构如图 3.53 所示，在空心区域设计椭圆结构作为传感检测区域，椭圆纤芯长轴半径 $a = 120$ μm，短轴半径 $b = 2a$。图中黑色区域是整体光纤的背景材料，选用环烯烃共聚物（COC），纤芯区域将分析物填充为水，折射率设为 1.33，通过模式分析求解其传感特性结果如图 3.53 所示。

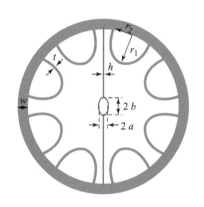

图 3.53　反谐振光纤传感器结构示意

通过计算，发现该结构在 0.6 ~ 2.5 THz 具有良好的传感性能，从图 3.54 中可以发现，HE_{11}^x 模式整体表现出更好的传感特性，相对灵敏度随频率的增加而快速提高，在 1.9 ~ 2.5 THz 趋于稳定，数值高达 99.6%。

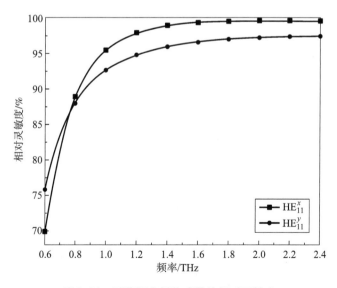

图 3.54　反谐振光纤传感器的相对灵敏度

3.3.6　太赫兹光纤试验测量

太赫兹光纤波导使用如图 3.55 所示的 THz‑TDS 系统进行测量。太赫兹时域光谱技术是一种基于脉冲太赫兹相干测量的光谱分析技术，采用时间延迟来测量光谱的时域波形，再通过傅里叶变换，在频域中展现介质的光谱信息并进行分析。太赫兹时域光谱采用飞秒激光光源，具有皮秒量级的时间分辨率。此外，太赫兹时域光谱可以直接测量太赫兹脉冲的电场，直接包含了振幅和相位的信息。

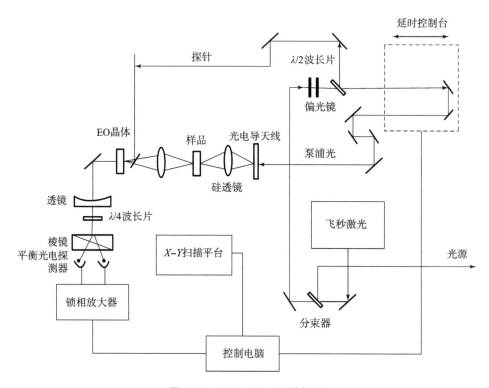

图 3.55　THz‑TDS 系统框图

本次试验测试的光纤波导实物如图 3.56 所示，在空心反谐振光纤中心引入了椭圆管结构，椭圆管由竖直方向的矩形支柱支撑，用于传感区域增强太赫兹波与检测物质的相互作用。加工时选用光敏树脂材料，通过立体光刻 SLA 3D 打印技术制作，打印长度为 10 mm，打印精度小于 25 μm，满足加工制作的要求，制作的光纤波导结构参数如表 3.5 所示。

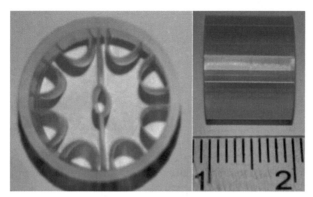

图 3.56 光纤波导的实物图

表 3.5 光纤波导结构参数

参数	w	t	r_1	r_2	h	a	b
尺寸/μm	840	100	1 980	1 320	100	500	1 000

在 THz-TDS 系统中利用透镜将太赫兹波聚焦到光纤的输入端面，为了实现对不同长度光纤波导的测量，需要调节光路长度以实现准直和聚焦。在测试过程中，利用固定芯器件夹住光纤，焦距为 50 mm 的透镜(LMR1.5/M)汇聚光斑，首先调整光学透镜和光纤的高度，实现光路的准直，然后在导轨上移动透镜，将光斑聚焦到纤芯位置。测试装置如图 3.57 所示。

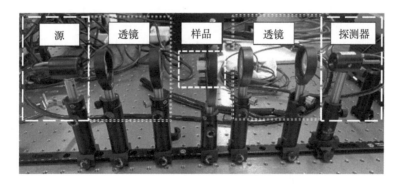

图 3.57 光纤波导测试装置

在测试过程中，首先测试空气为参考值，然后放置长度为 10 mm 的光纤波导，通过调整输出光路将输出面调到透镜焦点处，经过测试，通过微流泵器件向纤芯区域注入 15 μL 的乳糖溶液，测试的太赫兹时域光谱信号结果如图 3.58 所示。

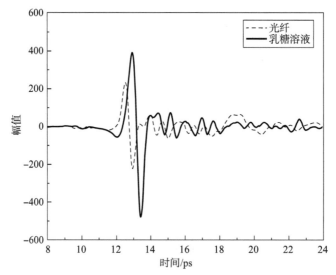

图 3.58　太赫兹时域光谱信号结果示意

　　图 3.58 所示中的虚线是对 10 mm 光纤结构测试的时域光谱信号，即传感区域无样品；实线是注入 15 μL 浓度为 0.15 mol/L 的乳糖溶液的时域光谱信号。由图中可以发现，在注入溶液后，信号发生了移动。通过傅里叶变化，将时域信号转换成频域信号，提取振幅和相位进行下一步处理。光纤和乳糖溶液测试的频域信号如图 3.59 所示。

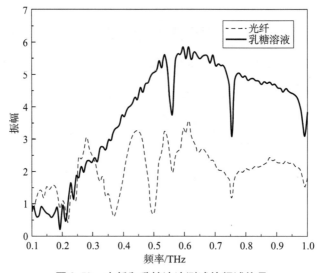

图 3.59　光纤和乳糖溶液测试的频域信号

第 **4** 章

分子太赫兹振动光学检测

生物大分子的振动或转动频谱位于太赫兹频段，与分子集体振动、扭曲振动和结构变形有关。研究生物大分子的太赫兹振动频谱有利于识别分子结构特征和生物功能调控。由于水吸收影响，现有生物太赫兹光谱检测技术如太赫兹时域光谱技术(TDS)大多在干燥环境或结晶态进行，无法实现细胞环境检测。为了克服水吸收影响，可利用激光激励分子太赫兹谐振，并进行溶液中无标记探测的光学检测技术。本章将讨论生物分子太赫兹频谱的光学检测技术，设计纳米结构增强太赫兹电磁场与分子的相互作用，讨论分子振动导致的电磁场吸收和散射特性。

4.1 太赫兹等离激元结构

4.1.1 表面等离激元谐振

生物分子只有几个纳米大小，为实现单分子探测，需突破光学衍射极限，增强电磁场与分子相互作用。表面等离激元(Surface Plasmons，SP)是当入射电磁波的频率和金属纳米结构表面的自由电子谐振频率一致时，金属表面的自由电子在光作用下的集体振荡可以把光场束缚在金属纳米结构表面，突破传统的光的衍射极限，并在金属表面近场范围内实现局域电磁场增强。表面等离激元纳米结构发生共振时会展现出众多新颖的光学现象，如近场增强、表面电磁局域和非线性效应等，使其在表面增强拉曼散射光谱、表面增强荧光光谱、生物传感和光吸收增强等领域都展现出广阔的应用前景。贵金属（如金和银）的共振波长在可见光及近红外波段，是研究表面等离激元最常见的材料。

表面等离激元纳米结构的共振频率依赖于其结构的形貌、几何尺寸和周围的介电环境，尤其具有尖端的结构，因其尖端的"热点"效应能够显著增强光在纳米尺度的局域效果，将"热点"区域的电磁场强度提高几个数量级，为开展高局域场下的表面增强光谱技术提供一种新的技术手段。

表面等离激元有两种存在形式：一种是在连续金属膜表面传播的传输型表面等离极化激元（Surface Plasmon Polaritons，SPP）；另一种是局域在金属纳米颗粒或粗糙金属结构表面的局域表面等离激元（Localized Surface Plasmon，LSP）。SPP和LSP都具有表面局域和近场增强特性，由于各自不同的色散关系，决定了它们表现为两种不同的激发态。其中，SPP的自由电子束缚于金属—介质的界面内，并沿其界面传导。SPP通常被用作研制新型的亚波长光波导，因其材料的耗损特性，SPP的传导距离通常很短。由于SPP的波矢量大于入射波的波矢量，因此SPP不能被光波直接激发，为了满足波矢量匹配，必须借助于额外的结构或装置。相比而言，产生LSP的自由电子被局域在亚波长尺度的金属颗粒结构（如金或银）表面，主要体现金属纳米结构对入射的电磁场响应。当形成LSP时，会将光局域在金属纳米结构附近的纳米尺度内，从而极大地提升等离激元信号的光强密度，可用于成像、生物医学、表面增强拉曼散射、非线性光学转换以及光—热转换等方面。与SPP相比，LSP更容易被激发，LSP的共振频率取决于金属纳米结构的形貌、尺寸及周围的介质环境。

1. 表面等离极化激元

SPP是产生于金属—介质界面上的电磁模式，当SPP发生共振模式传输时，将会把电磁波强烈地束缚于金属—介质的界面，电磁场强度在垂直于界面的方向上随着距离的增大呈现指数衰减；而在沿着界面的传输方向上，金属中的电荷分布和电磁场强度会以纵波的模式传输。因此，SPP的传输方向是沿着界面的，此时的电荷、电磁场和能量只能在界面上很小的区域传输，传输距离约几十微米。

对于时谐电磁波 $E(r, t) = E(r)e^{-i\omega t}$ 来说，电磁波在传播过程中需要满足亥姆霍兹方程：

$$\nabla^2 E + k_0^2 \varepsilon E = 0 \qquad (4-1)$$

式中：k_0 表示光波在真空中传播的波矢，也就是 $k_0 = \dfrac{w}{c}$。

假设金属的介电常数用 ε_m 表示，而介质材料的介电常数用 ε_d 表示，则二维界面处的电磁场形式可表示为

$$E(x,\ y,\ z) = E_z e^{i\beta x} \tag{4-2}$$

电磁场在它们的界面处是以横波（TM）形式传播的，即

$$\frac{\partial^2 E_z}{\partial z^2} + (k_0^2 \varepsilon - \beta^2) E_z = 0 \tag{4-3}$$

$$\frac{\partial^2 H_y}{\partial z^2} + (k_0^2 \varepsilon - \beta^2) H_y = 0 \tag{4-4}$$

由麦克斯韦方程组及其本构之间的关系，当 $z > 0$ 时，每个分量的表达式可以具体写为

$$H_z(z) = A_2 e^{i\beta x} e^{-k_2 z} \tag{4-5}$$

$$E_x(z) = i A_2 \frac{1}{w \varepsilon_0 \varepsilon_d} k_2 e^{i\beta x} e^{-k_2 z} \tag{4-6}$$

$$E_z(x) = -A_2 \frac{\beta}{w \varepsilon_0 \varepsilon_d} e^{i\beta x} e^{-k_2 z} \tag{4-7}$$

式中：k_1、A_1 为金属中的波矢和振幅；k_2、A_2 为介质中的波矢和振幅。根据 D_z 和 H_y 的连续性条件，可以得到

$$\frac{k_2}{k_1} = -\frac{\varepsilon_d}{\varepsilon_m},\ A_1 = A_2 \tag{4-8}$$

由式（4-8）可知，为了使表面电磁波束缚于界面处，且满足边界连续性条件，当 $e_d > 0$ 时，金属材料的介电常数需要满足 $\mathrm{Re}(\varepsilon_m) < 0$。根据横波的传播式（4-3）和式（4-4）可以得到波矢间的关系分别为

$$k_1^2 = \beta^2 - k_0^2 \varepsilon_m \tag{4-9}$$

$$k_2^2 = \beta^2 - k_0^2 \varepsilon_d \tag{4-10}$$

联立式（4-9）和式（4-10），可以得到金属—介质界面处束缚电磁波的色散关系：

$$\beta = k_0 \sqrt{\frac{\varepsilon_m \varepsilon_d}{\varepsilon_m + \varepsilon_d}} \tag{4-11}$$

式（4-11）即是 SPP 色散关系，根据式（4-11）同样可得相应的 SPP 波长 $\lambda_{SPP} = \dfrac{2\pi}{\mathrm{Re}(\beta)}$。当忽略阻尼时，理想 Drude 金属的介电常数为 $\varepsilon_m = 1 - \left(\dfrac{\varepsilon_p}{\varepsilon}\right)$。

2. 局域表面等离激元

LSP 在表面粗糙的金属结构或者各种形貌的金属纳米颗粒（Metal Nano-particles，MNP）中占主导，具有表面局域和近场增强特性。不过因为它们具有不同的色散关系，所以它们的激发态是不同的。与 SPP 为传播模式不同，LSP 为非

传播模式，主要局域于各种不同形貌的曲面之上，存在两维空间局域特性。它的这种特性使得其周围的局域电磁场表现出非常明显的场增强效应。

当 MNP 被入射电磁波照射时，其表面的自由电子会随着入射电磁波做集体振荡。MNP 表面的电子云偏离原子核时，由于二者之间存在库仑相互作用，导致偏离的电子云重新往原子核方向靠近，所以原子核附近的电子云会在其附近发生振荡，即发生了表面等离激元振荡。当入射电磁波的频率与 MNP 表面自由电子的固有频率相同时，便会形成局域表面等离激元共振(Localized Surface Plasmon Resonance，LSPR)，即使入射的电磁波很小，也能引起极大的共振。影响共振频率的因素有很多，如电子密度、电子的有效质量、MNP 的尺寸和形貌等。

假设外加的入射电磁场作用于球形 MNP，MNP 的尺寸远小于入射电磁场的波长，其周围的电场表现为静场特征，在此条件下，对其近似求解拉普拉斯方程能够获得球形 MNP 的 LSPR 频率：

$$\frac{\mathrm{Re}\varepsilon(w_{\mathrm{LSP}})}{\varepsilon_0} + \frac{l+1}{l} = 0 \qquad (4-12)$$

采用 Drude 模型的金属介电常数可表示为

$$\varepsilon(w_{\mathrm{LSP}}) = 1 - \frac{w_{\mathrm{p}}^2}{w_1^2} \qquad (4-13)$$

也可以用下式表示：

$$w_1 = w_{\mathrm{p}}\left[\frac{l}{\varepsilon_0(l+1)+l}\right] \quad (l=1,\ 2,\ 3,\ \cdots) \qquad (4-14)$$

式中：l 表示 LSPR 的角动量，满足静电场近似的球形 MNP，其激发主要表现为偶极子的形式，即 $l=1$。如果球形 MNP 的尺寸变大，那么就会出现多极子激发，它的极限情况是在 $l=\infty$ 时，LSPR 的频率趋于靠近光滑无限大频率的 SPP 的频率

$$w_\infty = \frac{w_{\mathrm{p}}}{(\varepsilon_0+1)^{\frac{1}{2}}}。$$

4.1.2 太赫兹表面等离激元

表面等离激元大多是指使用贵金属的光频频段产生的效应，主要原因是贵金属在光频介电常数较小，能够使光波穿透材料而与金属表面自由电荷有较强的耦合作用，并且在接近等离子体频率的频率下，耦合达到最强。但金属在太赫兹频率下的介电常数较大，通常比光学频率下大 5~6 个数量级。大的介电常数减少了电磁场对金属的穿透，并使其与自由电荷的耦合最小化。弱耦合还导致对表面的场的弱限制，并且随着金属中欧姆损耗的减小，表面模式的传播长度随之增加，弱化了场的限制作用。如 SPP 模式在光学波长传播短距离，且在金属表面受

到高度限制；而在太赫兹频率传播长距离，且表面波受到弱限制。为了提高太赫兹频率的表面等离激元局域场限制，常采用两种方法提高太赫兹频率下 SPP 的限制：①通过在金属表面上制备周期性排列的孔或槽来获得束缚在金属表面上的电磁波；②SPP 在半导体表面被激发。

太赫兹频段的材料复介电常数也用 Drude 模型给出。当电荷被电磁波的谐波电场驱动振荡时，通过求解电荷的运动方程来计算介电常数。该介电常数由材料的等离子体频率 ω_p 和角频率 ω 给出：

$$\varepsilon_c(\omega) = \varepsilon_c'(\omega) + \mathrm{i}\varepsilon_c''(\omega) = \varepsilon_1 - \frac{\omega_p^2}{\omega^2 + \mathrm{i}\omega\varGamma} \qquad (4-15)$$

式中：ε_1 为束缚电荷对介电常数的贡献；$\omega_p^2 = \dfrac{e^2 N}{\varepsilon_0 m^*}$；$\varGamma = \dfrac{e}{m^* \mu}$。其中，$e$ 为基本电荷；N 为自由电荷载流子浓度；ε_0 为真空介电常数；m^* 为自由电荷载流子的有效质量和迁移率；$\varGamma$ 为自由电荷载流子的散射率，对应于弛豫时间或载流子碰撞之间的平均自由时间的倒数。

复介电常数式（4-15）与 ω_p 的平方成比例，并且与 ω 的平方和电荷载流子的散射率 $\varGamma$ 成反比。因此，Drude 模型中的重要材料参数是载流子浓度以及载流子的有效质量和迁移率。

图 4.1 所示的是金在 0.1~10 THz 频率范围及由红外到紫外的介电常数的实部和虚部变化情况。从图中可以看出，在太赫兹频段，金的介电常数具有很大的频率依赖性，如在 1 THz 附近，$\varepsilon_c \approx -10^5 + 7 \times 10^5 \mathrm{i}$，近似于完美电导体，不能支持表面等离激元效应。针对这种情况，在完美电导体表面设计尺寸小于工作波长的孔，可以人为地控制其有效介电常数，在太赫兹频段可以得到类似可见光波段下金属表面等离激元的色散关系。如一维凹槽阵列和二维孔阵列在结构几何参

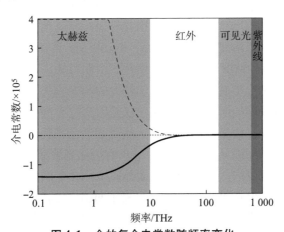

图 4.1　金的复介电常数随频率变化

数小于波长时的等效介电常数模型，其等效等离子体频率取决于阵列结构的几何形状，通过控制凹槽、孔穴的尺寸和间距可以很容易地控制其色散。

另外，相比于金属，半导体材料具有较低的自由电荷密度，且可以通过掺杂调节。根据文献，半导体材料在太赫兹频段的介电常数远小于金，使激发其与金结合的纳米结构太赫兹等离激元成为可能。

由于太赫兹时域测量技术的发展，基于单一金属膜层或微纳结构的太赫兹等离激元得到广泛应用。例如，利用表面波辅助的亚波长孔径阵列增强太赫兹传输的技术、圆柱形波导上表面模式的激发等离共振的主动控制以及微结构表面的太赫兹模式控制等实验技术，在生物检测等领域被广泛研究。

4.1.3 周期性等离激元结构设计

如前所述，当电磁波频率下降到微波以及太赫兹频段时，金属表现出完美电导体特性，金属表面等离子体响应比较微弱，局域性也较差。但通过尺寸小于工作波长的表面结构设计，调节有效介电常数，太赫兹表面等离激元可以存在于各种不同类型的金属波导上。常见的波导载体有金属平面、金属丝/管、金属空穴阵列波导等，也有利用石墨烯等对电场有响应的载流子材料做波导载体，在太赫兹频段模拟金属在可见光波段的色散特性。这些在不同载体上传导的太赫兹表面等离激元模式传播特性各不相同。本节以金纳米光栅和石墨烯周期结构为例，分别说明表面结构设计和半导体掺杂激发太赫兹等离激元。

图 4.2(a)所示为金材料作为金属结构光栅产生的表面等离激元结构示意图，图 4.2(b)所示的是分别在 0.3 THz、0.4 THz、0.6 THz、0.8 THz、1 THz 和 1.2 THz 频率下的电场图，其等效等离子体频率取决于阵列结构的几何形状，通过控制凹槽、孔穴的尺寸和间距可以很容易地控制其色散。

图 4.3 所示的是栅格间隙 $d = 35\ \mu m$、$d = 50\ \mu m$ 和 $d = 75\ \mu m$ 的光栅表面上 SPP 的色散曲线及三种情况下的 SPP 的损耗。由图可知，较小间隙 d 对应于较大的渐近频率；但对于给定的频率，对应于较大的 SPP 损失。显然，一个间隙较小的结构化曲面具有较高的渐近频率，这仅仅是因为它允许 SPP 具有较大的传播常数范围，但渐近频率对栅格常数不敏感。然而 SPP 的损耗对间隙 d 十分敏感。对于给定的频率，增加间隙 d 可能会导致 SPP 的损耗显著减小。

在太赫兹频率范围内，分析金属表面等离激元在金属光栅表面上的色散和损耗特性可知，金属 SPP 的渐近频率主要取决于凹槽深度，但金属 SPP 的损失对表面结构的所有参数都很敏感。金属表面等离激元的损耗随着场约束的增强而显著增加，并且在接近渐近频率的频率下损耗通常相当大。

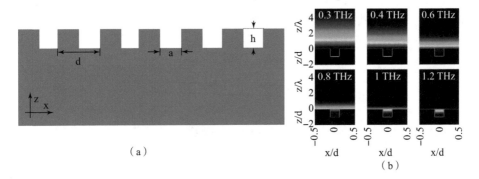

图 4.2　金材料离激元结构和电场图

（a）金光栅结构；（b）太赫兹表面等离激元电场图

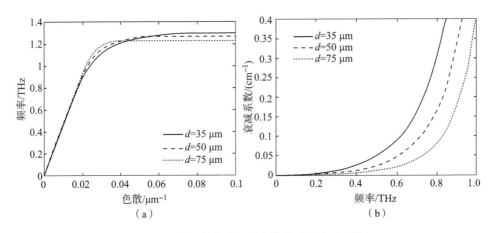

图 4.3　表面等离激元的色散关系和衰减系数

（a）表面等离激元色散关系；（b）表面等离激元衰减系数

　　石墨烯（Graphene）是一种二维单层碳原子，排列成蜂窝状晶格。它具有对称的锥形零带隙结构和高载流子迁移率，表现出独特的机械、光学和电学特性。石墨烯由于其掺杂半导体的载流子浓度可以通过光控、温控等方式进行控制，使得 SPP 的传播特性也可调控，因此掺杂半导体材料不仅可以产生类似于金属材料上的表面等离子体共振，且具有更好的调谐性。因此，石墨烯基光学生物传感器通常具有检测灵敏度高、光谱选择性可调等优点。

　　图 4.4 所示的是基于弧形石墨烯结构的周期可调谐传感结构，可同时激发太赫兹频段的多个振动谱。结构的几何参数为 $p = 50$ μm，$r_1 = 14.6$ μm，$w_1 = 1.5$ μm，$r_2 = 20$ μm，$w_2 = 1.5$ μm，$w_1 = 1.5$ μm，$\theta_1 = 60°$，$\theta_2 = 120°$。通过优化

几何参数改变几何参数可以独立调节相应的共振频率；改变施加到石墨烯表面的栅极电压，结构的共振频率可以动态地调谐。

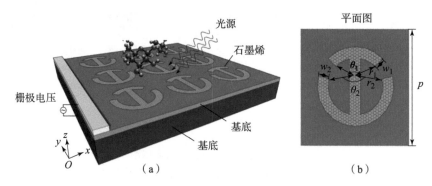

(a)   (b)

图4.4　周期性表面等离激元结构示意

(a)周期结构示意；(b)单元结构几何参数

　　图4.5所示为在 TM 波照射下结构的透射光谱。由图可知，在0.3 THz 和0.87 THz 处产生两个比较明显的峰值。图4.6所示为在这两个频率的电场图。

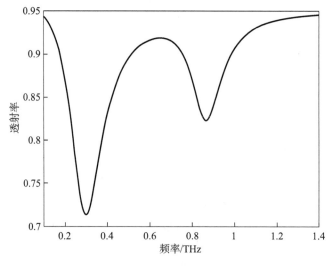

图4.5　太赫兹谐振光谱

4.1.4　单矩形槽等离激元结构设计

　　单缝是金属中最简单的结构之一，因为它仅由宽度和厚度这两个几何参数来

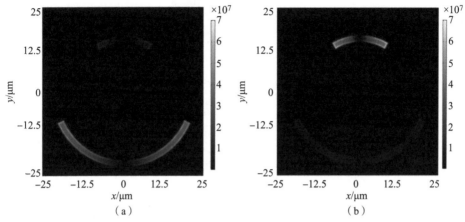

图 4.6　频率为 0.3 THz 和 0.87 THz 的电场图

(a)0.3 THz；(b)0.87 THz

表征，并且单缝可以通过"电容增强"来提供强的局部太赫兹场增强。由于电磁波的衰减由介质的复折射率的虚部决定，具有复折射率的金属对局部电场的强度有显著影响。与波长相比，金属的趋肤深度非常短，因此在太赫兹光谱范围内大多数金属可以近似为完美电导体(PEC)，表 4.1 所示的是频率为 1 THz 附近的代表性金属的相对介电常数和相应的趋肤深度。

表 4.1　金属在 1 THz 频率附近的相对介电常数和趋肤深度

金属	相对介电常数	趋肤深度/nm
金(1.05 THz)	$-8.47 \times 10^4 + i4.77 \times 10^5$	85
铅(1.01 THz)	$-2.14 \times 10^3 + i8.49 \times 10^4$	226
镍(1.05 THz)	$-4.9 \times 10^4 + i2.15 \times 10^5$	121

如图 4.7 所示，当电磁波垂直入射到金属薄膜时，在表面产生感应电流，该电流可以用表面的切向磁场来表示。表面电流为

$$K_{eff} = n \times H_{surface} = 2Z_0^{-1} \hat{x} \tag{4-16}$$

式中：$Z_0 = \sqrt{\mu_0/\varepsilon_0}$，为自由空间阻抗，常数因子表示由于磁场在 PEC 表面的完美反射而导致的磁场加倍；n 为垂直于金属表面的单位矢量，电流流向狭缝，导致电荷在狭缝边缘聚集，类似避雷针效应。

电荷的宏观积累发生在长度为一个波长的边缘，使得表面电荷密度 σ 依赖于时间函数：

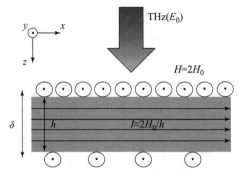

图 4.7 金属薄膜附近的光磁场（圆点）和电流密度

$$\sigma(x,\ t) = \frac{\varepsilon_0}{\sqrt{2}\pi}\sqrt{\frac{\lambda}{x}}E_0 \mathrm{e}^{-\mathrm{i}\left(\omega t + \frac{\pi}{4}\right)} \tag{4-17}$$

式中：ε_0、E_0、ω 和 x 分别为真空的介电常数、入射电场、角频率以及与边缘的距离。

在 $x = 0$ 时，电荷奇点非常微弱，随着积分而消失。当两个金属半平面靠近在一起时，电荷会受到静电力的作用，将电荷拉向边缘，并在间隙上形成强电场。随着间隙的缩小，光感应电流变得越来越强，更多的电荷在边缘积累，增加了边缘处的表面电荷密度，如图 4.8 所示。

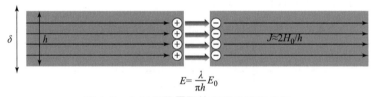

$$E = \frac{\lambda}{\pi h}E_0$$

图 4.8 金属间隙周围的位移电流和电场

假设金属薄膜内部产生恒定的电场与电流密度，根据安培定律，金属薄膜内部电流密度的表达式为 $J = \dfrac{2H_0}{h}$（忽略真空位移电流）。其中，J 表示在金属薄膜内部产生的电流密度；H_0 表示入射磁场。空气—金属界面处电场的切向分量是连续的，因此透射电场 E_t 可以表示为

$$E_t = \frac{J}{\sigma_m} = \frac{2H_0}{\sigma_m h} = \frac{2\varepsilon_0 c}{\varepsilon_m h}E_0 \tag{4-18}$$

穿过单缝纳米间隙，位移电流的法向分量相同，因此在纳米单缝中的电场为

$$E = \left|\frac{\varepsilon_m}{\varepsilon_0}\right|E_t \approx \frac{\sigma_m}{\varepsilon_0 \omega}\frac{2\varepsilon_0 c}{\varepsilon_m h}E_0 = \frac{\lambda}{\pi h}E_0 \tag{4-19}$$

当狭缝宽度 w 与薄膜厚度比远大于 1 时（$w/h \gg 1$），可以得出其场增强为

$$E_{\text{enhancement}} = \left| \frac{E}{E_0} \right| = \frac{\lambda}{\pi h} \qquad (4-20)$$

式中：E 为间隙处的电场；λ 为真空中入射电磁波的波长。

如果在间隙内填充介电常数为 ε 的介电材料，则场增强为

$$E_{\text{enhancement}} = \left| \frac{E}{E_0} \right| = \frac{\lambda}{\pi h} \frac{\varepsilon_0}{\varepsilon} \qquad (4-21)$$

式中：ε_0 表示真空的介电常数。

从式（4-21）可以看出，场增强与金属特性无关，考虑垂直入射到厚度为 h 的金属薄膜上的电磁波，其厚度小于趋肤深度 $\delta = \sqrt{\dfrac{2}{\mu_0 \sigma_m \omega}}$，但大于其的特征厚度 $h_0 = \dfrac{2\varepsilon_0 c}{\sigma_m}$。其中，$\sigma_m$ 为金属的电导率；μ_0 为真空中的磁导率；ω 为电磁波的角频率。金属吸收损耗为 50% 时的厚度称为特征厚度 h_0。

为了实现太赫兹场的局部共振增强，并考虑制备工艺可行性，实际使用中选择单矩形槽结构。与单缝太赫兹非共振增强不同的是，在金属中刻蚀的单矩形槽结构可以通过偶极天线型共振支持局部场增强。为了从理论上分析单个矩形槽结构的太赫兹增强特性，本节将一个 TM 偏振光垂直入射到大小为 $a \times b$ 的金属薄膜矩形槽上，如图 4.9 所示，将整个系统分为 3 个区域，并用相应的本征函数对其进行展开：

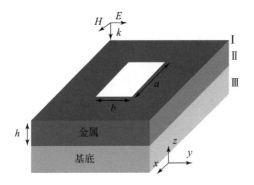

图 4.9　单矩形槽结构

$$\boldsymbol{H}^{\text{I}} = \sqrt{\frac{\varepsilon_0}{\mu_0}} \int \mathrm{d}k_x \mathrm{d}k_y \left[\hat{x} \delta(k_x) \delta(k_y) \mathrm{e}^{-\mathrm{i}k_{1z}\left(z - \frac{h}{2}\right)} + \boldsymbol{g}(k_x, k_y) \mathrm{e}^{\mathrm{i}\theta + \mathrm{i}k_{1z}\left(z - \frac{h}{2}\right)} \right] \qquad (4-22)$$

$$\boldsymbol{H}^{\text{III}} = \sqrt{\frac{\varepsilon_0}{\mu_0}} \int \mathrm{d}k_x \mathrm{d}k_y \mathrm{e}^{\mathrm{i}\theta} \boldsymbol{f}(k_x, k_y) \mathrm{e}^{-\mathrm{i}k_{3z}\left(z + \frac{h}{2}\right)} \qquad (4-23)$$

式中：$\theta = k_x\left(x - \dfrac{a}{2}\right) + k_y\left(y - \dfrac{b}{2}\right)$；$k_{mz} = \pm\sqrt{\varepsilon_m k_0^2 - k_x^2 - k_y^2}$，为 z 方向的衍射波的动量，$m = 1$，3；ε_m 为介电常数。

由于谐波时间因子 $\mathrm{e}^{-\mathrm{i}\omega t}$ 被抑制，同时虚部为正，因此可以通过麦克斯韦方程得出电场 $\boldsymbol{E}$：

$$\nabla \times \boldsymbol{H} = \frac{\partial \boldsymbol{D}}{\partial t} = -\mathrm{i}\omega\varepsilon_0 \boldsymbol{E} = -\mathrm{i}k_0\sqrt{\frac{\mu_0}{\varepsilon_0}}\boldsymbol{E} \tag{4-24}$$

在矩形槽内（Ⅱ区域），通过对入射波进行单模近似，假设只有 TE_{10} 模耦合到矩形槽结构中，根据波导理论，当 $b \leqslant a$ 时，矩形槽内的 TE_{10} 模可以由下式表示：

$$E_x^{\mathrm{II}} = 0 \tag{4-25}$$

$$E_y^{\mathrm{II}} = \sin\left(\frac{\pi x}{a}\right)\left[A\mathrm{e}^{\mathrm{i}\beta z} + B\mathrm{e}^{\mathrm{i}\beta z}\right] \tag{4-26}$$

$$E_z^{\mathrm{II}} = 0 \tag{4-27}$$

$$H_x^{\mathrm{II}} = \frac{\beta}{k_0}\sqrt{\frac{\varepsilon_0}{\mu_0}}\sin\left(\frac{\pi x}{a}\right)\left[A\mathrm{e}^{-\mathrm{i}\beta z} - B\mathrm{e}^{\mathrm{i}\beta z}\right] \tag{4-28}$$

$$H_y^{\mathrm{II}} = 0 \tag{4-29}$$

$$H_z^{\mathrm{II}} = -\frac{\mathrm{i}\pi}{k_0 a}\sqrt{\frac{\varepsilon_0}{\mu_0}}\cos\left(\frac{\pi x}{a}\right)\left[A\mathrm{e}^{-\mathrm{i}\beta z} + B\mathrm{e}^{\mathrm{i}\beta z}\right] \tag{4-30}$$

式中：$\beta^2 = k_0^2 - (\pi/a)^2$ 为波导模式在 z 轴方向的动量，决定了波导的截止频率。

通过对在两个边界$(z = h/2$、$z = -h/2)$处进行傅里叶逆变换，可以得到完美电导体归一化后入射平面波的坡印廷矢量分量为

$$S_z^{\mathrm{norm}} \approx \frac{32}{\pi^2}\frac{\mathrm{Re}[W_{\mathrm{subs}}]}{|W_{\mathrm{air}} + W_{\mathrm{subs}}|^2} \tag{4-31}$$

式中：耦合因子 W_m 可以表示为

$$W_m = \frac{ab}{8\pi^2}\int_{-\infty}^{\infty}\mathrm{d}k_x\int_{-\infty}^{\infty}\mathrm{d}k_y\frac{\varepsilon_m k_0^2 - k_x^2}{k_0\sqrt{\varepsilon_m k_0^2 - k_x^2 - k_y^2}}\mathrm{sinc}^2\frac{bk_y}{2}\left(\mathrm{sinc}\frac{\pi + ak_x}{2} + \mathrm{sinc}\frac{\pi - ak_x}{2}\right)^2 \tag{4-32}$$

在这里，对于矩形槽宽度远小于波长的情况下$(b \ll \lambda)$，通过对 W_m 的实部和虚部进行积分化简，可得

$$W_m \approx \frac{\varepsilon_m^3 ab}{3\pi\lambda^2} + \frac{\mathrm{i}b}{\lambda}\left(\varepsilon_m - \frac{\lambda^2}{4a^2}\right)\left[\ln\left(\frac{\pi^2 b^2}{\lambda^2}\left|\varepsilon_m - \frac{\lambda^2}{4a^2}\right|\right) + 2\gamma - 3\right] \tag{4-33}$$

式中：$\gamma \approx 0.577$，为欧拉常数。

由式(4-33)可以得到，当 W_m 的虚部等于零时，会发生共振增强，因此当 $b \ll a \ll \lambda$ 时，矩形槽结构的共振条件为

$$\lambda_{\text{res}} = \sqrt{2\left(n_{\text{sub}}^2 + n_{\text{med}}^2\right)}\,a \tag{4-34}$$

式中：n_{sub} 为介质基底折射率；n_{med} 为矩形槽结构中的折射率。

为了在太赫兹频段实现电磁场的局域增强，设计单矩形槽结构如图 4.10 所示，金膜上有尺寸为 $a \times b (a \gg b)$ 的矩形槽，该金膜位于折射率为 n 的介质基板上。当偏振光垂直照射到矩形槽结构时，由于光与金属狭缝结构的电容耦合，使得透射传输增强，同时矩形槽结构与光发生共振使电磁场的局域增强。由太赫兹共振理论可知，谐振频率 $f_{\text{res}} = c_0 \big/ \left[a\,\sqrt{2\left(n_{\text{sub}}^2 + n_{\text{med}}^2\right)}\right]$。其中，$c_0$ 为光速；n_{sub} 为介质基板折射率；n_{med} 为矩形槽中介质折射率。

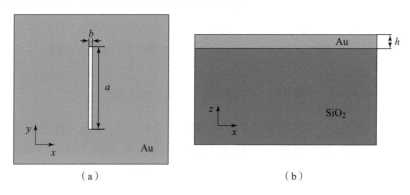

（a）　　　　　　　　　　　　（b）

图 4.10　单矩形槽结构示意

为了优化结构设计，采用时域有限差分（FDTD）法在太赫兹频段对结构进行仿真计算。其中，金膜厚度 $h = 150$ nm，基底材料为 SiO$_2$，在太赫兹频段，金属材料可以近似为 PEC（完美电导体），因此在太赫兹频段金膜材料应采用 PEC 材料。为了减少仿真时间，分别在 x 轴方向和 y 轴方向采用反对称边界与对称边界。为了保证数值精度，将矩形槽结构区域内的网格尺寸设为 2 nm，其他区域采用自动分级网格，同时整个仿真区域周围设置完美匹配层边界条件。

为了研究单矩形槽结构对入射光偏振方向的依赖性，利用不同角度的偏振光在 0.4～1 THz 进行了仿真模拟分析。由图 4.11 可以看出，当入射光为 x 方向（$\theta = 0°$）偏振时，单矩形槽结构的透射特性曲线强度最大，随着偏振角度的增大，透射强度逐渐减小，说明单矩形槽结构的局域场耦合程度变弱；当入射光为 y 方向（$\theta = 90°$）偏振时，其透射特性曲线几乎接近于零，因此无法实现单矩形槽结构局域场的共振增强。随着偏振角度的改变，单矩形槽结构的谐振频率没有发生偏移，而透射特性曲线强度随着偏振角度的增大而减小，说明单矩形槽结构的谐振频率对偏振方向不敏感，场增强效应对偏振方向敏感。

为了研究单矩形槽结构的间隙依赖性，在保持矩形槽长度为 150 μm 不变的情况下，改变矩形槽结构的宽度。图 4.12 所示为在不同间隙尺寸下单矩形槽结

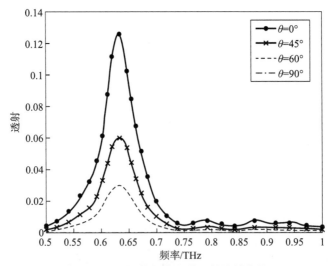

图 4.11　不同偏振方向的透射特性曲线

构的透射特性曲线。由图可以看出，随着矩形槽间隙的减小，透射强度逐渐减弱，同时共振波长发生偏移。在间隙尺寸为 1 000 nm 及以上时，矩形槽结构的透射发生了饱和，并且共振波长也几乎没有发生变化。

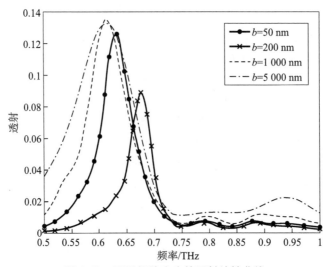

图 4.12　不同间隙宽度的透射特性曲线

为了进一步研究间隙尺寸对矩形槽结构电场的增强特性，图 4.13 所示为 50 nm 和 200 nm 间隙尺寸下的电场分布图。由图可以看出，在间隙为 50 nm 时，最大电场增强达到 4 500，而在间隙为 200 nm 时，最大电场增强为 1 800。图

4.14 显示了电场增强因子随矩形槽间隙宽度的变化曲线。由图可以看出，电场增强因子与矩形槽间隙宽度成反比。

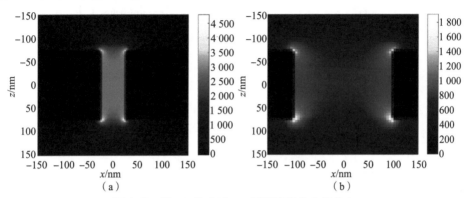

图 4.13　50 nm 和 200 nm 间隙宽度的电场分布

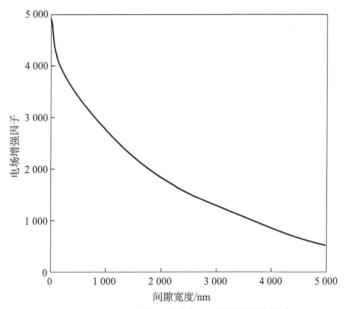

图 4.14　不同间隙宽度对电场增强因子的影响

单矩形槽结构的长度与所要检测的样品谐振频率密切相关，在固定单矩形槽结构宽度为 200 nm，选择不同长度的矩形槽进行仿真计算，相应的结果如图 4.15 所示。由图可以看出，谐振频率与矩形槽长度 a 成反比，而矩形槽结构的场增强因子随着长度 a 的增大而线性增大，如图 4.16 所示。因此，在后续的太赫兹场增强结构中要考虑矩形槽长度对谐振频率和电场增强的影响，根据实际情况来设计相应的结构。

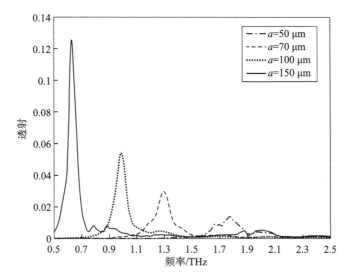

图 4.15　不同矩形槽长度的透射特性曲线

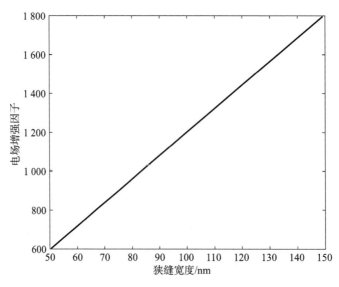

图 4.16　不同矩形槽长度的电场增强因子

　　在保持长度和宽度不变的情况下，可进一步通过改变单矩形槽结构内的折射率方式来模拟实际情况中改变不同溶液的情况。从图 4.17 可以看出，槽内折射率从 1.0 变化到 1.7，其透射特性曲线强度没有发生变化，而谐振频率也发生了一定的红移。

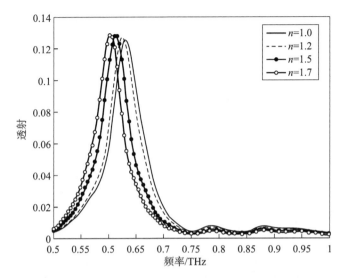

图 4.17　矩形槽内不同折射率引起的透射特性曲线变化

4.1.5　单矩形槽等离激元结构工艺

单矩形槽结构的尺寸为 $a \times b$，由于矩形槽宽度 b 的尺寸较窄，普通的光刻设备精度无法达到要求，因此可通过电子束光刻和聚焦离子束光刻进行矩形槽样品制备。基于矩形槽长度 b 为较长的，聚焦离子束光刻相对于电子束光刻耗时更久，成本较高，所以采用电子束光刻制备样品。其具体工艺流程如图 4.18 所示。

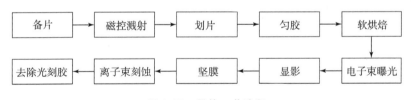

图 4.18　具体工艺流程

1. 备片

根据仿真结构，选择合适的基底材料以及厚度，利用丙酮、异丙醇和去离子水分别超声清洗 5 min 后用氮气吹干。

2. 磁控溅射

磁控溅射是物理气相沉积（Physical Vapor Deposition，PVD）的一种。一般的溅射法可被用于制备金属、半导体、绝缘体等多材料，且具有设备简单、易于控制、镀膜面积大和附着力强等优点。20 世纪 70 年代发展起来的磁控溅射法更是实现了高速、低温、低损伤。因为是在低气压下进行高速溅射，必须有效地提高气体的离化率。磁控溅射通过在靶阴极表面引入磁场，利用磁场对带电粒子的约束来提高等离子体密度以增加溅射率；选择设备为磁控溅射，鉴于金材料与基底材料黏附性不好，应在基底和金层之间添加钛或者铬作为黏附层，选择合适的速率和时间进行溅射，如图 4.19 所示为在玻璃基底上溅射 100 nm 金膜后的效果图。

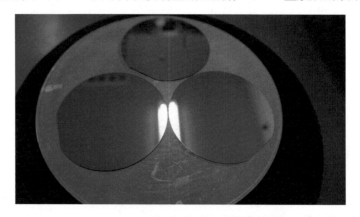

图 4.19 磁控溅射 100 nm 金膜效果图

3. 划片

在基底清洗完成并利用贴膜机贴膜后，利用 Disco 切割机（软刀）设备对基底按照要求的参数进行划片。图 4.20 所示是划片完成后未去除蓝膜的效果图和去除蓝膜后的效果图。

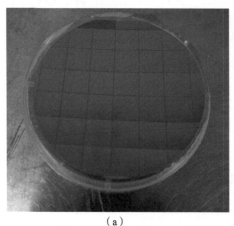
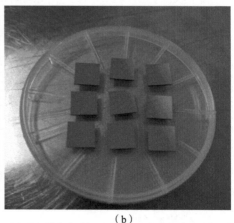

（a）　　　　　　　　　　　　　（b）

图 4.20 利用 Disco 切割机（软刀）划片后未去除蓝膜的效果图和去除蓝膜后的效果图

（a）未去除前；（b）去除后

4. 匀胶、软烘焙

根据所需曝光结构的尺寸选择合适的电子束光刻胶，电子束光刻胶聚甲基丙烯酸甲酯(Polymethyl Methacrylate，PMMA)是一种聚合体，它由单体(MMA)聚合而成，聚合体俗称有机玻璃或亚克力，具有高透明度。MMA 单体的分子量为100，组成聚合体分子链的单体数量可达到数千个，相对分子质量为 100 000 量级，PMMA 聚合体的物理化学特性在很大程度上取决于分子量，形成 PMMA 聚合体的原子间共价键可以被高能辐射打破。因此，PMMA 对波长为 1 nm 或更短的射线以及 20 keV 或更高能量的电子辐射敏感。基于这种光敏特性，PMMA 或类似的聚合物可以用作为光刻工艺中的光刻胶，即称为 PMMA 电子束胶。选择PMMA A4 电子束光刻胶作为本次矩形槽制备的光刻胶，匀胶后光刻胶厚度为256 nm；匀胶完成后用 180℃热板加热 90 s。

5. 电子束曝光

电子束曝光是利用电子束在涂有感光胶的晶片上直接描画或投影复印图形的技术。它的特点是分辨率高(极限分辨率可达 3~8 nm)、图形产生与修改容易、制作周期短。它可分为扫描曝光和投影曝光两大类。其中，扫描曝光系统是电子束在工件面上直接扫描产生图形，因而分辨率高，生产率低；投影曝光系统实为电子束图形复印系统，它将掩模图形产生的电子像按原尺寸或缩小后复印到工件上，因此不仅保持了高分辨率，而且提高了生产率。在对结构进行电子束曝光前，首先需要对所加工的结构进行剂量测试，根据电子束光刻设备推荐的曝光剂量进行曝光，最终对比选择合适的剂量对样品结构进行曝光。

6. 显影

在电子束曝光后进行图形化，显影液为 4-甲基-2-戊酮与异丙醇按照 1∶3 的量配置而成，定影液为异丙醇，显影时间为 100~120 s，定影 30 s。注意，显影过程中不可碰水。如图 4.21 所示的是在显影完成后通过光学显微镜观察的结构图。其中，矩形框内的图形为矩形槽结构，由于光学显微镜的分辨率低，不能完全观察到矩形槽内部结构，因此需要通过扫描电镜进行观察。图 4.22 所示为扫描电镜观察结果。

7. 坚膜、离子束刻蚀

离子束刻蚀(IBE)是利用具有一定能量的离子轰击材料表面，使材料原子发生溅射，从而达到刻蚀目的。首先把 Ar、Kr 或 Xe 之类的惰性气体充入离子源放电室并使其电离形成等离子体；然后由栅极将离子呈束状引出并加速，具有一定能量的离子束进入工作室，并射向固体表面撞击固体表面原子，使材料原子发生溅射，达到刻蚀目的，属纯物理过程。在进行刻蚀前应先用 110℃热板加热 2 min

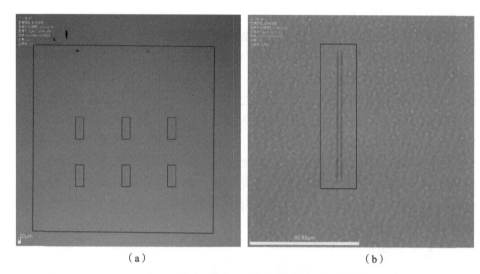

图 4.21　通过光学显微镜观察矩形槽结构效果图

(a)多个矩形槽；(b)单个矩形槽

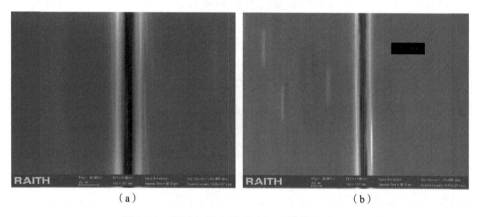

图 4.22　通过扫描电镜观察矩形槽结构效果图

对光刻胶进行坚膜，使电子束光刻胶更加耐刻蚀。根据 IBE 刻蚀不同材料的速率设置刻蚀时间。在这里，需要注意的是，如果刻蚀时间较久，应选择分开，进行短时间多次测量。

8. 去除光刻胶

在刻蚀完成后，利用丙酮、异丙醇和水各超声清洗 5 min，清洗完成后通过扫描电镜设备对样品尺寸进行测量，以完成样品制备。

4.2　光场和太赫兹场双频增强

分子振动谱在太赫兹频段,通过分析单分子太赫兹振动频谱有望获得重要分子信息。然而太赫兹波长与分子尺度相差较大,直接作用分子的探测不能达到单分子水平,纳米光学诱捕是实现单分子操控的较好手段。本节针对光学诱捕技术的光频增强和分子太赫兹场增强探测需求,介绍几种典型的光频等离激元与太赫兹纳米矩形槽结合结构,可以实现对光频电场的局部增强,同时可与矩形槽结构实现太赫兹场增强。

4.2.1　纳米圆盘双频增强结构

如 4.1.4 节所述,在太赫兹频段,单个矩形槽结构可以实现在 $0.4 \sim 2.5$ THz 的局部电场增强,并且其长度、宽度以及偏振方向对谐振频率与电场增强因子都有相应的影响。在光学诱捕技术的近红外波段,常用金等离激元结构如纳米单孔、纳米双孔、纳米圆盘、蝶形结构等产生纳米尺度内局域场增强。本节首先介绍通过将单矩形槽结构与双圆盘结构进行复合仿真设计,实现在太赫兹和近红外双波段的局域电场增强以及粒子的稳定捕获。

图 4.23 所示为复合结构示意,其中金膜上有尺寸为 $a \times b (a \gg b)$ 的矩形槽,该金膜位于折射率为 n 的介质基板上,同时在矩形槽中与 a 平行排列着半径为 r 和间隙为 g_{ap} 的双圆盘结构。考虑到在实际的加工过程中对纳米结构精度的限制,需要尽量将纳米结构尺寸变大,所以在仿真过程中,近红外波段选用 y 轴方向偏振的高斯光束激发,数值孔径为 0.65,太赫兹频段采用 x 轴方向偏振平面波激发。

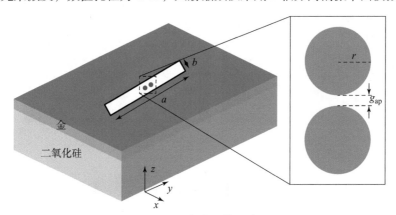

图 4.23　复合结构示意

双波段局域场增强结构的透射特性曲线及场分布如图 4.24 所示。由图(a)和图(c)可知，长为 150 μm、宽为 200 nm 的矩形槽结构在 0.63 THz 处有谐振峰的出现，与理论值一致。同时，在谐振波长处，电场局域在矩形槽结构狭缝处，最大电场增强为 1 800。太赫兹局域场增强与矩形槽结构宽度成反比，由于需要在矩形槽结构中设计纳米结构，同时实现粒子捕获以及太赫兹场的增强，因此矩形槽结构宽度为 200 nm。图 4.24 (b)和图(d)所示电场分别为近红外波段纳米结构的透射特性曲线以及 x、y 方向电场分布，由于在外加光激励作用下，金属结构表面的电子产生共振，表面等离子体极化激元的波矢远大于真空中的波矢，SPP 沿金属表面方向上的波矢分量增大，而在垂直于表面方向上的波矢分量减小。同时与结构发生谐振，因此在 850 nm 处有谐振峰的出现以及在两个圆盘纳米间隙处实现了对电磁场的局域场增强。

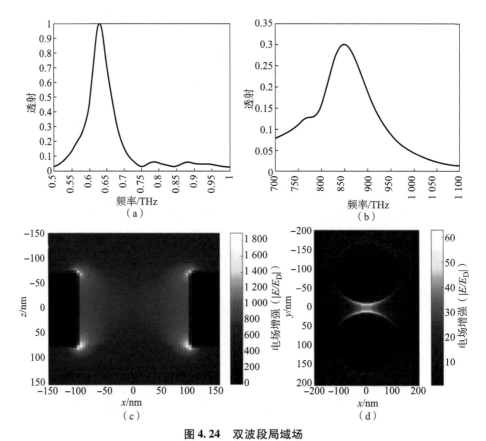

图 4.24 双波段局域场

(a)太赫兹频段透射特性曲线；(b)近红外波段纳米结构的透射特性曲线；
(c)太赫兹频段 x、z 方向电场分布；(d)近红外频段 x、y 方向电场分布由于水溶液在 850 nm 附近具有较低的吸收峰，因此采用两个波长为 850 nm 附近激光器作为激光光源，两束激光相互作用产生可调太赫兹拍频信号，太赫兹拍频信号作用于捕获位置的生物分子，从而激发生物分子的太赫兹谐振。为了实现在 850 nm 附近对粒子进行捕获，分别改变 r、g_{ap} 对结构进行优化分析，其他参数不变。从图 4.25(a) 所示可以看出，随着 g_{ap} 减小，透射曲线谐振峰值变小且发生红移。由图 4.25(b) 所示可以看出，两个圆盘间隙在 20 nm 的情况下，随着圆盘半径的增大，两个圆盘与矩形槽边缘发生共振耦合，透射曲线谐振峰值逐渐增大并且发生红移。考虑到所采用激光器波长以及工艺加工的可行性，后续讨论均采用 g_{ap} 为 20 nm，半径 $r = 65$ nm 的双圆盘结构。

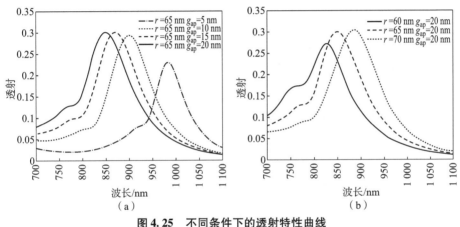

图 4.25　不同条件下的透射特性曲线

(a) 不同圆盘间隙 g_{ap}；(b) 不同圆盘半径 r

为了证明双圆盘结构能够实现对生物分子的稳定捕获，通过麦克斯韦应力张量(MST)的方法计算了距离结构表面上方 10 nm 处、半径为 20 nm 的介质微球($n = 1.6$)表面的光学梯度力和相应的势阱分布，利用 Lumerical FDTD 在微球表面建立 MST 分析组来计算粒子所受力大小。为了进一步研究双圆盘结构在满足稳定捕获时所需的入射光强条件，对结果进行归一化处理，并将微球的受力分布利用 MATLAB 进行积分，得到结构中的势阱分布情况。图 4.26(a) 和 (b) 所示为在 1 mW/μm^2 入射光强下，$y = 0$ 处不同 x 的取值所对应的光捕获力及其势阱分布。由于结构的对称性，其表面的光捕获力分布也具有对称性。当微球在 x 轴方向沿着 $y = 0$ 直线运动时，F_y 始终趋于 0，而 x 轴方向的受力与结构表面的电磁场分布梯度相关。在 $x < 0$ 时，微球所受力的大小为正数，表示正作用力 F_x 将微球推向势阱中心，而当微球跨过坐标原点后，受力方向发生突变，微球受力大小为负数，表示负作用力 F_x 将微球拉向势阱中心。因此，通过微球受力分析可知，在

正作用力 $F_x(x<0)$ 和负作用力 $F_x(x>0)$ 两种力的作用下，微球会被推至坐标原点处即捕获位置中心。从图 4.27（b）可以看出，在 1 mW/μm² 入射光强下的最大势阱深度为 30 $k_B T$（k_B 为玻耳兹曼常数，T 为热力学温度），可以实现微球的稳定捕获。

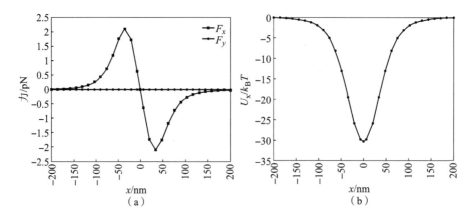

图 4.26　在 1 mW/μm² 入射光强下，$y=0$ 处的光捕获力和势阱分布
（a）光捕获力；（b）势阱分布

为了进一步研究微球是否能在结构中被稳定捕获，通过改变微球的运动路径，计算其在 $x=0$ 处不同 y 取值运动时的受力情况，如图 4.27（a）所示。当微球沿着 $x=0$ 运动时，F_x 始终趋于 0；当微球沿着 y 轴方向从 −200 nm 向结构中心运动时，由于双圆盘结构的边缘有一定的场分布，在 150 nm 附近导致力的方向发生突变，但是其无法使微球在此处稳定捕获；当 $y>0$ 时，F_y 方向发生突变，并且如图 4.27（b）所示，其在 1 mW/μm² 光强下能产生的最大势能约为 26 $k_B T$，

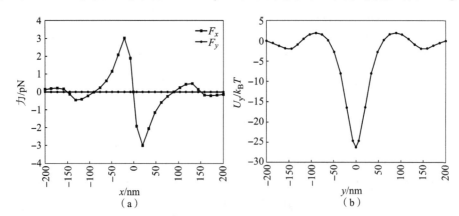

图 4.27　在 1 mW/μm² 入射光强下，$x=0$ 处的光捕获力和势阱分布
（a）光捕获力；（b）势阱分布

能够将微球稳定捕获在结构中心。综合 x 轴方向、y 轴方向对光捕获力和势能分布曲线的分析可得，在入射光强为 1 mW/μm^2 的情况下，双圆盘结构在结构中心的最大势阱深度大于 $10k_BT$，可以实现微球在结构中心处的稳定捕获。

4.2.2　纳米蝶形双频增强结构

蝶形结构也是常用的表面等离纳米粒子捕获结构，利用两个蝶形结构的尖端来代替圆盘的结构，具有更好的局域场增强效果，同时蝶形结构的开放性可以使得其与单矩形槽结构进行结合。

图 4.28 所示为蝶形结构示意，蝶形结构间隙为 g_{ap}，金薄膜厚度为 150 nm。对结构进行仿真分析，蝶形结构所采用的金材料的介电性质取自 John 和 Christy 的数据，基底 SiO$_2$ 的信息来自 Palik 的手册。为了减少仿真时间同时确保仿真数值精度，蝶形尖端区域（间隙）的网格尺寸为 2 nm，而间隙以外的区域采用自动分级网格。光源采用沿 z 轴负方向激励，沿蝶形之间的间隙（沿图 4.29 所示中的 x 轴方向）偏振的高聚焦高斯光源照射，数值孔径 NA 为 0.65，仿真边界为独立边界，并利用完全匹配层吸收所有传播方向上离开模拟域的波。采用纵向激励，等离子体激元共振会被激发，从而增强电磁场并将其集中到蝶形间隙中。

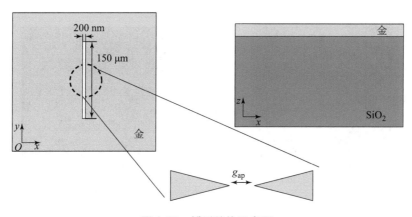

图 4.28　蝶形结构示意图

图 4.29 所示为蝶形结构的透射特性曲线。可以看出，将 x 偏振入射光沿 z 轴负方向垂直均匀地照射蝶形结构时，在 852 nm 附近有明显的谐振峰的出现，为了进一步说明蝶形结构的局域场增强，图 4.30 所示为谐振波长下 x、y 方向和 x、z 方向的截面电场分布。

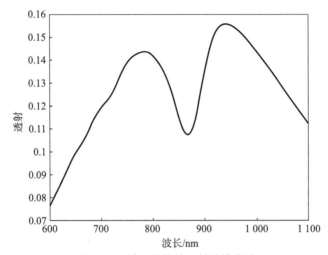

图 4.29 蝶形结构的透射特性曲线

如图 4.30 所示，由于在外加光激励作用下，金属结构表面的电子产生共振，表面等离子体极化激元的波矢远大于真空中的波矢，SPP 沿金属表面方向上的波矢分量增大，而在垂直于表面方向上的波矢分量减小，同时与结构发生谐振，因此，在两个三角蝶形间隙尖端实现了对电磁场的局域场增强。利用 4.2.1 节介绍的 MST 计算力方法可分析蝶形结构捕获力大小。

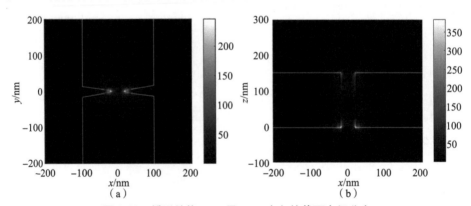

图 4.30 蝶形结构 x、y 及 x、z 方向的截面电场分布

4.3 分子太赫兹振动谱光学检测

生物分子振动、分子间相互作用频谱在太赫兹频率范围内，当分子的振动模式与太赫兹辐射的频率匹配，分子吸收太赫兹辐射的能量，从而导致吸收峰的出现。由于太赫兹波长相对于生物分子来说要大几个数量级，分子对太赫兹波的散射非常弱。但是，构成生物体的成分含量最多的是水，如哺乳动物身体中含有约65%的水分。当太赫兹波与生物组织发生作用时，不可避免地要跟其中大量的水发生相互作用。

由于 DNA/RNA 碱基、氨基酸、糖类、脂类等生物大分子的许多转动、摆动、扭动等能级刚好在太赫兹频段，因此一定频率的太赫兹波对这些生物大分子作用可激发相应的共振。水对太赫兹波的强烈吸收，增加了游离水分子的动能，可能改变水分子的极化特性，甚至影响结合水的特性，导致含有这些结合水的生物大分子结构的变化，进而影响一系列与生物有关的活动，如导致蛋白质结构的变化，影响酶的活性，导致膜的功能变化。

本节主要介绍溶液中单分子振动理论和水合作用振动特性仿真分析、基于单分子捕获技术的分子太赫兹振动谱光学检测技术等内容。

4.3.1　溶液中分子太赫兹振动谱理论

为了验证蛋白质溶液的振动谱存在，本节以泛素（PDB：1ubq）为例，利用 GROMACS 和 AMBER99sb-ILDN 力场在 $T=300$ K 和 $p=1.0$ bar 下进行显式水中的全原子 MD 模拟（TIP3P 模型），仿真时间为 1 ns。在每个 MD 轨迹的文件中选择仿真的原子运动任意帧，记录蛋白质结构及其水合壳的坐标（通过从蛋白质原子选择半径为0.3 nm、0.6 nm 和 0.9 nm 的所有水分子）。如图 4.31 所示，由于蛋白质与其溶剂之间的强耦合，蛋白质及其溶剂化壳可以被视为用于研究其振动模式的集成纳米生物颗粒。最后，使用 GROMACS 中的 Broyden-Fletcher-Goldfarb-Shanno（BFGS）算法优化了如图 4.31 所示的每个纳米生物颗粒的结构。使用 GROMACS 软件包（双精度）对角化优化结构的质量加权 Hessian，通过有限力差计算，计算出每个纳米生物粒子的振动模式的频率以及每个模式内的原子位移方向。对于每个系统，验证了前六个特征频率等于零并且没有虚频率。

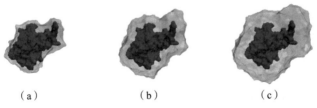

（a）　　　　　　（b）　　　　　　（c）

图 4.31　蛋白质和水合壳纳米颗粒
（a）0.3 nm 水合层；（b）0.6 nm 水合层；（c）0.9 nm 水合层

在分子模拟的误差内，在 60 THz 和 120 THz 附近可以观察到，随着水层的不断加厚，振动模式的幅值也在不断增加，主要是水的键振动；在上面提到，在生物分子溶液中，水对整个系统的振动占着很大的贡献值。所以，在90 THz附近，蛋白质键的振动模式随着水数量的增加而略微下降。在15~20 THz的范围内，主要存在氢键网络的振动，振动模式数也在随着水的增加而增加（见图4.32）。

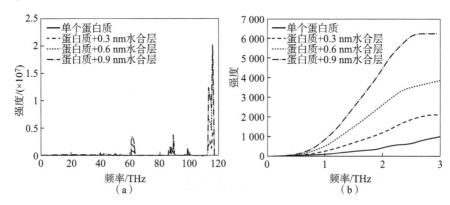

图4.32　不同纳米结构振动模式数响应

以0.3 nm的水合壳为例，蛋白质在低频区展示出集体振荡模式（图4.33）。由于水与侧链接触充分，导致侧链上的原子普遍运动剧烈，而骨架上的原子运动较为缓慢。同时，也揭示了在太赫兹区域内，蛋白质和水的共同作用。

蛋白质是具有生物功能的重要纳米生物颗粒，其本征振动模式在亚太赫兹频率范围内。本征振动模式涉及蛋白质片段的大规模位移，不依赖于蛋白质结构，而主要取决于蛋白质形状及其主链的连接性。因此，蛋白

图4.33　泛素溶液在1 THz
附近的集体振动模式

质的本征振动模式是针对纳米生物颗粒的整体形状/大小变化，但也是较难测量的。只有少数测量证明蛋白质中亚太赫兹频率共振。蛋白质中测量的正常模式的最低频率约为10 GHz（$\tilde{v}=0.3$ cm^{-1}），对于微米长度的纤维蛋白（胶原蛋白）中观察到的纵向声子的频率低至200 GHz（$\tilde{v}=7$ cm^{-1}）。

表4.2所示为纳米生物颗粒的结构性质。其中，M（单位为kDa）为未水合蛋白的相对分子质量；N_{atom}表示该蛋白在AMBER99sb-ILDN拓扑结构中的原子总数；N_w为水合第一壳层中的水分子数；R_g（单位为nm）为水合蛋白的旋转半径；

L(单位为 nm)为水合蛋白的最大维数；V(单位为 nm^3)为水合蛋白的体积。

表 4.2 所示中的三种纳米生物粒子的全原子结构如图 4.34 所示。

表 4.2　纳米生物颗粒的结构性质

名称	序列	M	N_{atom}	N_w	R_g	L	V
抑肽酶	1 − 58	6.5	892	208	1.1	3.5	15.5
碳酸酐酶	4 − 260	29.0	4 032	676	1.9	6.1	59.6
卵白蛋白	5 − 686	75.0	10 254	1612	3.0	9.9	147.6

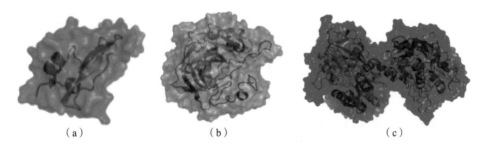

（a）　　　　　　　　　（b）　　　　　　　　　（c）

图 4.34　纳米生物粒子的全原子结构

（a）抑肽酶（Aprotinin）；（b）碳酸酐酶（Carbonic Anhydrase）；（c）卵白蛋白（Conalbumin）

图 4.35 所示为 20 个氨基酸的全局极化率 α 与分子体积的函数关系，极化率无量纲。

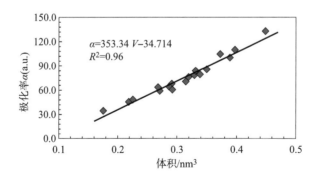

$$\alpha = 353.34\,V - 34.714$$
$$R^2 = 0.96$$

图 4.35　氨基酸全局极化率与分子体积的函数关系

从抑肽酶到卵白蛋白尺寸的增加，每个纳米生物粒子在外加电场 $E(\nu)$，振荡频率为 ν 是由它们的振动模式计算出来的：

$$P(\nu) = \frac{d\left(\dfrac{W}{h\nu}\right)}{du} = \frac{\pi}{2} \frac{|E(\nu)|^2}{h^2} \sum_{i=7}^{3N-6} \frac{\gamma_\nu^\nu}{\left[(\nu_l^2 - \nu^2)^2 + \nu^2\gamma_l^2\right]} |\Delta\boldsymbol{\rho}_l|^2$$

$$(4-35)$$

式中：h 为普朗克常数；W 为分子吸收的能量；ν_l 和 γ_l 分别为第 l 振动模的振动频率和阻尼；N 为原子总数；$\Delta\boldsymbol{\rho}_l$ 为分子偶极矩在振动模中的变化量，可表示为

$$\Delta\boldsymbol{\rho}_l = \sum_{\kappa=1}^{N} \frac{q_\kappa \boldsymbol{e}_{\kappa l}}{\sqrt{m_\kappa}}$$

$$(4-36)$$

式中：q_κ 和 m_κ 分别是蛋白质原子 κ 的电荷和质量；矢量 $\boldsymbol{e}_{\kappa l}$ 是第 l 个模的原子 κ 的特征矢量分量。

由于生物分子不具有特定的对称性，它们的振动模式可能同时具有红外活性和拉曼活性两种模式。在拉曼模式下，分子的弹性形变引起分子电极化率 α（图 4.35）的变化，拉曼强度与分子极化率相对于法向坐标 Q 的导数的平方成正比。可以通过下式计算频率 ν_l 对应的每个模态的拉曼活性 A：

$$A(\nu_l) = \left|\frac{\partial\alpha}{\partial Q_l}\right|^2 = \left|\frac{\partial\alpha}{\partial V}\frac{\partial V}{\partial Q_l}\right|^2 \approx C^2 \left|\frac{\partial V}{\partial Q_1}\right|^2$$

$$(4-37)$$

式中：V 为纳米颗粒的空间体积；常数 $C = 353.34$ au/nm^3（1 au $= 1.649 \times 10^{-41}$ C$^2 \cdot$ m$^2 \cdot$ J^{-1}）。

式（4-37）中的导数采用有限差分法 $Q_l = \pm 0.1$ 以及使用 GROMACS 计算的空间体积 V，为了比较拉曼活性和吸收光谱，使用洛伦兹定义连续谱 $P'(\nu)$ 为

$$P'(\nu) = \frac{A(\nu_l)}{(\nu - \nu_l)^2 + (\gamma/2)^2}$$

$$(4-38)$$

式中：$\gamma = 3$ GHz。

300 GHz 范围内三种纳米生物粒子的吸收光谱和拉曼光谱如图 4.36 所示。

4.3.2　单分子太赫兹振动谱光学探测

光学诱捕原理如图 4.37 所示，作用在介电球体上的力与光相互作用，入射光束由高数值孔径（NA）透镜聚焦。图 4.37(a) 所示为小于光波长的瑞利粒子经历散射力 $F_{散射}$ 和梯度力 $F_{梯度}$，散射力沿着光的传播方向推动粒子，梯度力将粒子吸引向焦点。图 4.37(b) 所示为大于光波长的介电球体反射或折射由高 NA 透镜聚焦的光，每条光线方向的变化对应于光动量的变化和粒子动量的相等且相反的变化。反射的光线失去了粒子获得的向前动量，导致净力 $F_{反射}$ 沿着光的传播方向推动粒子。折射光线由于光线的高入射角而向前偏转，这会产生动量变化和反作用力 $F_{折射}$，将粒子拉向焦点。

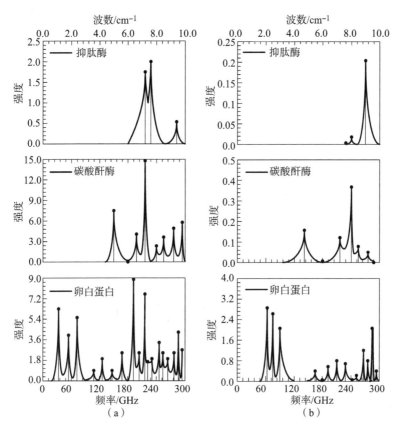

图 4.36　在 300 GHz 范围内三种纳米生物粒子的吸收光谱和拉曼光谱
（a）吸收光谱；（b）拉曼光谱

　　光学捕获的关键是利用高聚焦光束的电场梯度分布场与介电粒子之间的相互作用，其目的是制造一个微纳尺度光势阱，以较小的力（通常在 pN ～ fN 范围内）将介电粒子捕获在适当位置。高度聚焦的光场产生的光梯度力使粒子向中心势阱运动，并最终被捕获在光场场强最强处，即平衡位置。

　　光学捕获的基本方程可类比于传统弹簧系统，作用在粒子上的力可用胡克定律估计。如图 4.38 所示，把光学势阱看作一个三维简谐振子，有 x、y、z 三个方向弹簧常数 K 值，K_x 和 K_y 值基于梯度力，而 K_z 将考虑散射力。根据这个类比，势阱对粒子施加的力与粒子到最大场强点的距离呈线性关系。

　　这种光学梯度力随粒子的极化率和场的梯度而变化，而粒子的极化率由捕获粒子的大小决定。当被捕获粒子的半径 a 远小于入射激光的波长 λ（$a \ll \lambda$）时，满足瑞利散射的条件。此时，入射电磁场被认为是均匀分布在粒子周围的。极化率

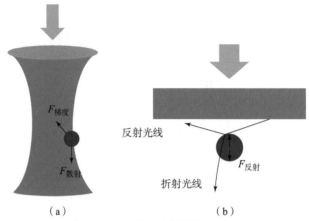

（a）　　　　　　　　　　（b）

图 4. 37　光梯度力捕获粒子原理

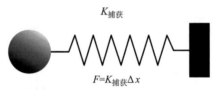

图 4. 38　粒子捕获光学原理图

α 可以用静电近似来计算：

$$\alpha = \alpha' + \alpha'' = 3V\frac{\varepsilon_p - \varepsilon_m}{\varepsilon_p + 2\varepsilon_m} \tag{4-39}$$

式中：$\varepsilon_p = \varepsilon_1 + i\varepsilon_2$、$\varepsilon_m = n_m^2$，分别为粒子和周围介质的介电常数；$V \propto a^3$，为瑞利粒子的体积。

作用在纳米颗粒上的净光学力有三个分量：吸收 F_{abs}、散射力 F_{scat} 和梯度力 F_{grad}，分别表示为

$$F_{abs} = \frac{n_m P C_{abs}}{c} \tag{4-40}$$

$$F_{scat} = \frac{n_m P C_{scat}}{c} \tag{4-41}$$

$$F_{grad} = \frac{|\alpha|}{2}\nabla E^2 \tag{4-42}$$

式中：P 为坡印廷矢量；$C_{abs} = k(\alpha'')$ 和 $C_{scat} = k^4 |\alpha|^2/4\pi$，分别为瑞利粒子的吸收和散射截面，其中 $k = \dfrac{2\pi n_m}{\lambda}$，为周围介质的波数；$c$ 为真空中的光速；E^2 为光

的强度。

从式(4-42)可以看出，光学力的所有分量都取决于瑞利粒子的极化率 α，散射力 F_{scat} 与 α^2 成比例，而梯度力 F_{grad} 与 α 成比例。吸收和散射力是将粒子沿光束传播方向推开的排斥力，而梯度力则在光强的空间梯度方向吸引粒子。要实现纳米颗粒的捕获，梯度力必须大于或等于吸收和散射力的总和。当梯度力和散射力达到一定的平衡后，就可以实现粒子的稳定捕获。

然而，梯度力和散射力的平衡只是瑞利诱捕的必要条件，但不是充分条件。一方面，随着纳米粒子尺寸的减小，其极化率变得更小，因此需要增加激光强度；另一方面，梯度力与 a^3 成正比，随着粒子半径的减小，梯度力急速减小，同样粒子所处的势阱也急速变浅，因此越小的粒子越易于逃逸出光势阱，这样通过减小颗粒大小来最大化梯度力会导致捕获粒子的不稳定，发生布朗运动。因此，为了稳定地捕获纳米粒子，辐射产生的捕获势能必须克服热能 $k_B T$。

由上述讨论可以得出，纳米粒子稳定捕获需要满足两个条件：一是粒子所受到的光学力能够将粒子推至捕获点，该点受力为零且两侧的光学力方向发生突变；二是为了实现稳定捕获，该点的势阱深度应该大于 $10k_B T$ 以补偿粒子由于其布朗运动而离开光学势阱。

通常，光学诱捕用于捕获尺寸从 100 nm 到 10 μm 的物体。捕获小于 100 nm 的透明电介质颗粒是困难的，因为光学力很小，并且布朗运动占主导地位。相比之下，由于惯性和重力，捕获更大的物体可能需要比使用光学诱捕技术容易产生更大的力的技术。小于 100 nm 的粒子可以使用等离激元纳米光学来实现，其中金属纳米结构支持表面共振，并能够将光控制到纳米尺度。利用等离激元纳米结构，光可以超过衍射极限，同时通过增加势阱的深度来增加其限制。4.2 节介绍的各种光频等离激元结构即可实现更小粒子如纳米颗粒和蛋白质、DNA 等生物分子的捕获，在 4.3.3 节和 4.3.4 节将利用其中的双纳米孔结构实现单纳米颗粒和单生物分子捕获，并激励和探测分子太赫兹振动谱。

由于光谱分辨率有限(在高分辨率系统中通常为 1 cm^{-1})，使用传统拉曼光谱对纳米粒子进行光谱识别不可行。此外，来自激发激光源的弹性散射被过滤掉，通常将振动的最小频率限制在 10 cm^{-1} 以上。通常，只有小于 10 nm 的纳米粒子才能用传统的拉曼光谱探测它们的声波振动。然而，许多粒子如病毒粒子和胶体粒子，都大于 10 nm。此外，较小的颗粒硬度较小，特别是生物材料，如蛋白质和 DNA 低聚物，具有 100 GHz 左右的大规模振动模式。

本小节讨论了分子太赫兹振动谱光学探测技术，在单个生物分子实现单分子捕获后，利用两个波长略有不同的激光器之间的拍频共振激发纳米粒子的振动模式。激发分子谐振振动光谱有更好的光谱分辨率。该方法的简化示意如图 4.39

所示。

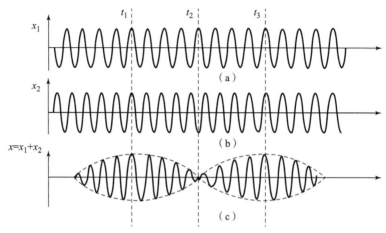

图 4.39　激发粒子振动光谱工作原理示意

其原理是通过施加电场的电致伸缩—机械拉伸来驱动的，在拍频频差下变化的激光导致调制拍频处的电致伸缩力。当拍频调到粒子谐振频率共振时，粒子被激发共振振荡，激光光镊系统测量的是系统中纳米颗粒的低频非相干热运动。对于蛋白质，通过电致伸缩激发共振来测量微粒的共振，因为信号在振动共振时处于物体热运动，不容易受到振动能量的影响。考虑到水的热扩散系数（$1.43 \times 10^{-7}\ \mathrm{m^2 \cdot s^{-1}}$），在 10 nm 的长度尺度上热量离开纳米颗粒约 1 ns。分子内的能量在各种振动模式之间的重新分配并不会对测量产生不利影响。

分子被双纳米孔结构捕获后，在平衡位置振动，当受到外加交变电场作用时，可以看作受迫简谐振动，设溶液阻尼系数为 γ，可得粒子简谐振动数学形式为

$$\ddot{x} + \gamma \dot{x} + 4\pi^2 f_0^2 x = F \tag{4-43}$$

式中：F 为任何外加驱动力，这里可以为电致伸缩力；x 为振荡的幅度；γ 为阻尼频率；f_0 是在没有阻尼的情况下的谐振频率。

求解谐波驱动方程，找到振幅响应的最大值，得到阻尼共振频率 f_r：

$$f_r = \sqrt{f_0^2 - \frac{r^2}{8\pi^2}} \tag{4-44}$$

4.3.3　双纳米孔捕获结构设计和制备

1. 双纳米孔结构设计

为了增强光捕获力，设计合理的双纳米孔尺寸可以达到更好的场增强效

果。双纳米孔结构示意如图 4.40 所示，在 SiO₂ 衬底上镀 150 nm 厚的金膜，并在金膜上刻蚀双纳米孔结构。光从水溶液端入射，在双纳米孔尖端处形成电场增强。

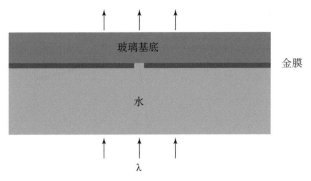

图 4.40　双纳米孔结构示意

采用时域有限差分求解器（Ansys Lumerical FDTD Solution）进行仿真计算，图 4.41 所示为建立模型示意，图（a）和图（b）分别为 x、y 和 x、z 方向仿真模型示意。将网格覆盖在双纳米孔结构区域，尺寸设置为 2 nm 以进行快速计算。采用高斯光源作为入射光，振幅设置为 1，偏振方向为 x 轴方向，即双纳米孔间隙方向。孔隙直径 $D = 200$ nm，间隙尺寸 $W = 40$ nm。吸收边界条件采用完美匹配层（PML）。在数值计算中，使用直径为 30 nm 的金粒子，将其放置在纳米孔间隙的中心。介质的折射率为 1.33。

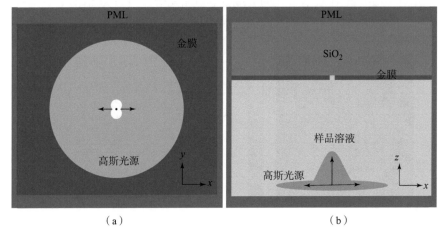

（a）　　　　　　　　　　　　　　（b）

图 4.41　x、y 方向与 x、z 方向仿真模型示意

（a）x、y 方向的仿真模型示意；（b）x、z 方向的仿真模型示意计算得到的透射曲线如图4.42所示，从图中可以看出，在共振波长 700 nm 和 850 nm 附近，透射功率有明显的增强，且在存在粒子的情况下，共振峰存在明显的红移。

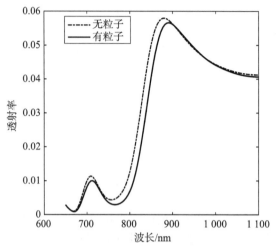

图 4.42　粒子捕获/未捕获的情况下的透射曲线

图4.43 所示为空腔(不添加纳米粒子)状态下纳米孔顶部与侧面电场示意。其中，图4.43(a)所示为间隙处的放大图像，图4.43(b)所示为纳米孔侧面的电场增强图像。图4.43 (a)的监视器设置在双纳米孔的顶部，图4.43(b)的监视器设置在双纳米孔的尖端且垂直于金膜平面。从图4.43 (a)可以看出，双纳米孔结构电场增强主要产生在双纳米孔的尖端处，在此处产生了 100 倍的电场增强。然后，粒子将通过场的梯度力被捕获在尖端势阱里。

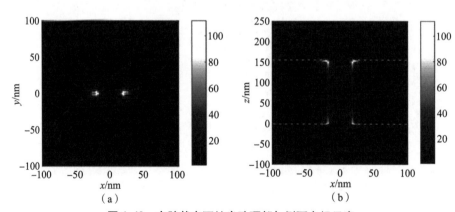

图 4.43　空腔状态下纳米孔顶部与侧面电场示意

(a)间隙处的放大图像；(b)纳米孔侧面的电场增强图像

图 4.44 显示了粒子被捕获时纳米顶部和侧面电场示意。可以看出，在与粒子接近处的尖端产生了更大的电场增强。

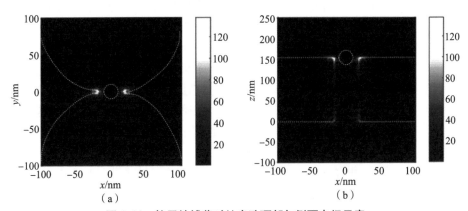

图 4.44　粒子被捕获时纳米孔顶部与侧面电场示意

（a）纳米孔顶部电场示意；（b）纳米孔侧面电场示意

2. 纳米双孔等离激元结构制备

纳米双孔结构间隙尺寸较小，以及圆盘距离矩形槽边缘较近，如果通过电子束光刻（Electron Beam Lithography，EBL）进行制样，无法保障这些位置的精细尺寸参数，所以采用聚焦离子束（focused - ion - beam，FIB）对圆盘结构进行加工。具体工艺流程如图 4.45 所示。

图 4.45　聚焦离子束刻蚀工艺流程

（1）备片。根据仿真结构，选择合适的基底材料以及厚度，利用丙酮、异丙醇和去离子水分别超声清洗 5 min 后用氮气吹干。

（2）划片。在基底清洗完成并利用贴膜机贴膜后，利用 Disco 切割机（软刀）设备对基底按照要求的参数进行划片。

（3）磁控溅射。磁控溅射的特点是成膜速率高，基片温度低，膜的黏附性好，可实现大面积镀膜。

（4）聚焦离子束刻蚀。聚焦离子束系统从本质上讲与电子束曝光系统一样，由离子发射源、离子光柱、工作台、真空与控制系统等结构组成。正如电子束系统中的核心是电子光学系统，离子聚焦成细束的核心部件是离子光学系统。而离子光学与电子光学之间最基本的不同点：离子具有远小于电子的荷质比，因此磁场不能有效地调控离子束的运动，目前聚焦离子束系统只采用静电透镜和静电偏转器。静电透镜结构简单,不发热,但像差大。

典型的聚焦离子束系统为两级透镜系统。液态金属离子源产生的离子束,在外加电场(Suppressor)的作用下,形成一个极小的尖端,再加上负电场(Extractor)牵引尖端的金属,从而导出离子束。首先,在通过第一级光阑之后,离子束被第一级静电透镜聚焦,初级八级偏转器用于调整离子束以减小像散。经过一系列的可变化孔径(Variable Aperture),可灵活改变离子束束斑的大小。其次,次级八极偏转器使离子束根据被定义的加工图形进行扫描加工,通过消隐偏转器和消隐阻挡膜孔可实现离子束的消隐。最后,通过第二级静电透镜,离子束被聚焦到非常精细的束斑,分辨率可至约 5 nm。被聚焦的离子束轰击在样品表面,产生的二次电子和离子被对应的探测器收集并成像。

图 4.46 所示为电子束光刻后离子束刻蚀制备的双纳米孔结构的扫描电镜效果图,图 4.47 所示为聚焦离子束刻蚀制备的双纳米孔结构的扫描电镜效果图。由图可明显地发现,通过离子束刻蚀设备刻蚀的纳米双孔结构对边缘产生一些影响,离子束刻蚀是通过电子束光刻显影后利用物理轰击的方法刻蚀金层,因此在轰击过程中离子很容易溅射到结构边缘,对图形边缘产生破坏,由于聚焦离子束刻蚀是通过直写式的方法制备图形,具有高分辨率,因此图 4.47 所示的通过聚焦离子束刻蚀制备的图形边缘与图 4.46 所示的相比更光滑,但是相比于聚焦离子束刻蚀,电子束曝光速率较高,同样的图形通过聚焦离子束刻蚀时间会产生几倍的时间差,产生较高的费用。

(5)清洗。在样品制备完成后,通过丙酮、异丙醇和去离子水各超声清洗 5 min。

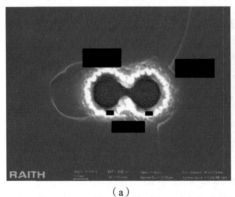 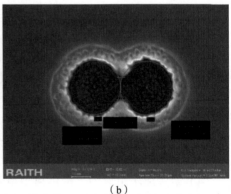

| (a) | (b) |

图 4.46　电子束光刻后离子束刻蚀制备的双纳米孔结构的扫描电镜效果图

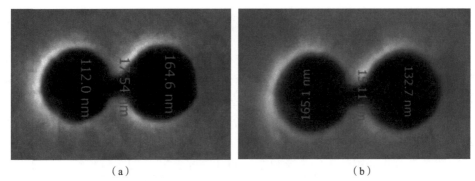

（a）　　　　　　　　　　　　　（b）

图 4.47　聚焦离子束刻蚀制备的双纳米孔结构的扫描电镜效果图

4.3.4　单纳米颗粒太赫兹振动谱探测

如图 4.48 所示，利用双纳米孔激光光镊操控单个纳米颗粒的系统，包括倒置显微镜激光镊系统，并使用双纳米孔作为捕获点。系统主要由固定频率激光器、可调谐激光器、光隔离器、光纤合束器、半波片、扩束器、二向色镜、100倍油浸显微物镜、10 倍集光物镜、三维位移台和 APD 探测器等组成。因为势阱中光场对介电负载很敏感，APD 电压变化是由被捕获在双纳米孔中的纳米颗粒所驱动。利用 APD 将通过样品池中等离激元芯片的双纳米孔透射光的变化转化为

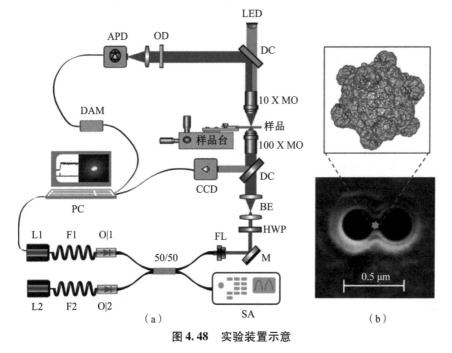

（a）　　　　　　　　　　　　　　　　（b）

图 4.48　实验装置示意

电压变化，当有电压"跳变"时表示纳米颗粒的捕获，"跳变"电压包含粒子被捕获后在微纳尺度的运动信息。

通过可调谐激光器温度调谐激光频率，可以获得 10 GHz 到 3 THz 之间的宽范围拍频。当双激光拍频信号作用于被捕获的粒子，拍频频率与粒子本征振动频率共振时，APD 可以检测到粒子波动的变化（RMS 值）最大化。

在光镊系统中，被捕获粒子在捕获点平衡位置的运动与溶液黏度系数、布朗运动等相关，需要对捕获电压信号进行自相关函数（Autocorrelation Function，ACF）等数据分析获得粒子动力学信息。对于在平衡状态的小位移情况，可以认为该光势为谐波势，通过研究粒子在光势阱中的布朗运动来测量由于与激光束相互作用而对捕获粒子施加的光力。在过阻尼状态下，粒子的运动可以用朗之万方程来表示：

$$\frac{\mathrm{d}x(t)}{\mathrm{d}t} = \frac{k}{\gamma}x(t) + \left(\frac{2K_{\mathrm{B}}T}{\gamma}\right)^{\frac{1}{2}}\zeta(t) \tag{4-45}$$

式中：$x(t)$ 为粒子从平衡位置的位移；k 为光阱的刚度；γ 为阻力系数；$\zeta(t)$ 为白噪声。

通过对阱中粒子位置波动的跟踪，可以得到光阱刚度 k 和采集到的电压信号之间的转换因子 β。粒子位置 ACF 的方法突出了光阱中粒子的复杂动力学。球形粒子在简势中位置波动的 ACF 遵循指数衰减规律：

$$C(\tau) = \langle x(t)x(t+\tau) \rangle = C(0)\mathrm{e}^{-\omega\tau} = \frac{k_{\mathrm{B}}T}{k}\mathrm{e}^{-\omega\tau} \tag{4-46}$$

式中：$\omega = k/\gamma$，为 ACF 弛豫频率。

电压信号波动的 ACF 与位置波动的 ACF 有如下关系：

$$C_{\mathrm{V}}(\tau) = \beta^2 C(\tau) = \beta^2 \frac{k_{\mathrm{B}}T}{k}\mathrm{e}^{-\omega\tau} \tag{4-47}$$

通过对电压的 ACF 拟合，可以得到刚度 k 以及电压—位移转换因子 β。当球形粒子的流体动力半径与物理半径 R 一致时，阻力系数 $\gamma = 6\pi\eta R$。其中，η 为介质的黏度。

当捕获的粒子不是球形时，简单地使用流体动力半径不能正确地描述捕获中的粒子动力学。非球形粒子是通过光力矩在势阱中定向的，为了正确地模拟沿其布朗动力学，必须考虑不同的阻尼系数。此外，还必须考虑各向异性流体力学和粒子定向波动的可能性。在这种情况下，ACF 可能表现出双指数衰减。

双指数函数可表示为

$$f(t) = A_0 + A_1\mathrm{e}^{-\frac{t}{\tau_1}} + A_2\mathrm{e}^{-\frac{t}{\tau_2}} \tag{4-48}$$

衰减时间可以表示为

$$\tau = \frac{A_1 \tau_1^2 + A_2 \tau_2^2}{A_1 \tau_1 + A_2 \tau_2} \tag{4-49}$$

刚度 k 可以将梯度力与分子从平衡位置的位移联系起来，即 $F = kx$。τ 与刚度 k 呈反比关系，即

$$\tau = \frac{\gamma}{k} \tag{4-50}$$

另外，利用功率谱密度（Power Spectrum Density，PSD）也可以对随机信号进行处理，对粒子的运动进行傅里叶变换，得到 PSD 并通过洛伦兹函数拟合，根据得到的转角频率可以计算出光阱的刚度。与其他方法相比，PSD 在频率域进行信号处理，能够相对容易地去除常见的噪声源，对提取的粒子轨迹中不必要的周期性噪声具有很强的鲁棒性。本章采用 ACF 对信号进行处理分析。

图 4.49 所示的是通过上述装置诱捕 20 nm 聚苯乙烯纳米粒子电压的"跳变"信号。由图可以看到，粒子在未捕获和捕获后有明显的电压突变，电压的噪声信号在捕获前后明显不同——捕获后电压噪声显著增加。这一"噪声"中包含粒子的有用信息，通过对信号进行噪声分析，可以获得粒子的运动状态。粒子被捕获后，利用双激光拍频激励单纳米颗粒低频振动，当拍频频率与粒子振动频率匹配时，由于电致伸缩力作用的粒子振动幅度加强，所以信号"噪声"达到最大值。本节采用电压噪声均方根（RMS）变化来表征噪声的波动。图 4.50 所示为分析计算不同拍频频率下捕获电压信号（图 4.49）的均方根变化得到的不同频率下的均方根值。通过调谐拍频频率，得到的不同拍频频率信号激励的粒子运动噪声不

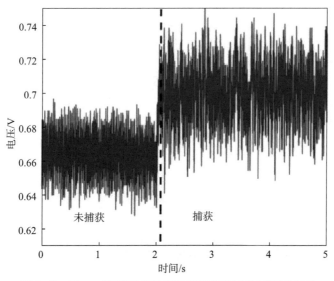

图 4.49　20 nm 聚苯乙烯纳米粒子捕获电压的"跳变"信号

同，在拍频频率与粒子振动频率谐振时产生峰值。竖实线显示为在 $l=2$、峰值为 44 GHz 时的预期频率峰值。竖虚线显示为在 $l=0$ 模式的预期峰值。图（b）所示的是三种不同粒子尺寸在 $l=2$ 谐振峰的实验值与理论值的对应关系。

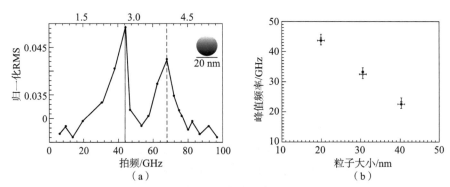

图 4.50 20 nm 聚苯乙烯纳米球的拉曼光谱和实验分析的共振峰

图 4.51 所示为在同一装置下捕获的 20.5 nm 二氧化钛纳米球。利用双激光拍频方法激励粒子本征振动，从图 4.51 所示的两个峰表明，由各向异性 $l=2$ 模式的导致精细分裂。

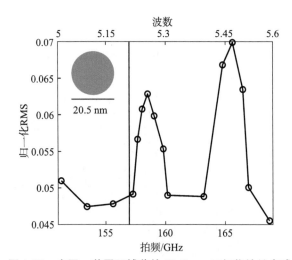

图 4.51 在同一装置下捕获的 20.5 nm 二氧化钛纳米球

4.3.5 单生物分子太赫兹振动谱探测

生物分子的太赫兹振动与分子集体振动、扭曲振动和结构变形有关。从能量的角度看,分子之间的弱相互作用(如氢键、范德华力)、大分子骨架振动弯曲(如构型弯曲)等低频振动都在太赫兹范围内。光谱方法能够通过测量局部共振之间的相关性和位移来收集有关蛋白质集体模式的信息。太赫兹光谱可以显示分子的三维排列及其在低频下的特征吸收,通过太赫兹检测可以更准确地了解生物分子。但传统太赫兹光谱技术不能在溶液中探测分子太赫兹振动,由于波长尺度失配,所以不能达到单分子水平。

基于等离激元光学诱捕,在生物世界微观尺度上的使用使人们能够研究广泛的复杂系统、现象和过程。它是一种非接触方法,可以在体内非常精确地施加皮牛顿量级的力进行单分子操控,并且没有任何物理相互作用、污染或损伤。此外,用于光学操作的光中包含的信息可以在非常小的尺度和短的时间尺度上量化物理参数,如力、黏度和弹性。任何生物系统对光学力的响应都可以以非常高的精度测量——力低至 10^{-15} N,位移低至 10^{-10} m(1Å)。

当被捕获粒子的直径远小于用于捕获的光波长时,粒子可以被视为非均匀电磁场中的点偶极子,并将沿着强度梯度朝向光束的中心。大多数理论都是关于球形物体的捕获。在实践中,尤其在许多具有生物学意义的应用中,被操纵的物体不是球形的,因此,从弹性特性出发的建模应该考虑整个物体的形状和折射率的变化。

以 DNA 为例,DNA 的弹性能量有多种贡献,如下:

$$E = E_{bend} + E_{twist} + E_{stretch} + E_{twist-stretch} \tag{4-51}$$

式中:E_{bend}、E_{twist}、$E_{stretch}$ 和 $E_{twist-stretch}$ 分别对应于弯曲能量、扭曲能量、拉伸能量和扭曲—拉伸耦合能量。DNA 弹性的理论模型建立在统计力学原理的基础上,用于表征四个可直接测量的热动力学量之间的关系:力、拉伸、旋转和扭矩。然而这些量之间的确切关系是复杂的,并且通常无法获得分析解。

由 Kratky 和 Porod 首次提出的类蠕虫链(WLC)模型描述了半柔性聚合物在热场中的弹性特性,其参数为持续长度 L_p,可以直观地理解为聚合物链的特征长度尺度,超过该尺度,聚合物的初始方向会因热波动而随机化。用 WLC 模型的插值公式很好地描述了双链 DNA(dsDNA)在无扭转和低力区(<5 pN)的力—伸长关系。给出的近似值为

$$F(x) = \frac{k_B T}{L_p} \left[\frac{1}{4\left(1 - \dfrac{x}{L_0}\right)} - \frac{1}{4} + \frac{x}{L_0} \right] \tag{4-52}$$

式中:F 为外力;x 为分子伸长;L_0 为轮廓长度(最大端到端的距离)。

为了将该模型扩展到高受力状态,修改后的公式(可扩展 WLC 模型)考虑了拉伸模量 k_0 的贡献:

$$F(x) = \frac{k_B T}{L_p} \left[\frac{1}{4(1 - x/L_0 + F/k_0)^2} - \frac{1}{4} + \frac{x}{L_0} - \frac{F}{k_0} \right] \tag{4-53}$$

相比之下，单链 DNA（ssDNA）的弹性性质简化很多，因为它可以自由扭曲且不会积累扭曲，但可能形成二级结构而变得复杂，所以学者们已经提出了各种模型，包括 WLC 和替代的自由连接链模型，以描述不同条件下 ssDNA 的力—延伸关系。

本章介绍的分子太赫兹振动谱光学检测技术，不仅可以激励和探测较规则纳米颗粒的太赫兹振动模式，也可以通过诱捕生物单分子，激励和探测单分子如 DNA、蛋白及生物分子间的相互作用，如蛋白与蛋白结合等的振动谱特性。

下面试验结果为利用等离激元双纳米孔，对 4 nm DNA、10 nm PR65 蛋白质分子及 25 nm 病毒分子（PhiX174）的单分子诱捕。图 4.52 所示分别为 4 nm DNA、10 nm PR65 蛋白、25 nm 病毒的单分子捕获电压"跳变"信号。从信号看出，粒子的形状越规则，如球形，电压"跳变"就越规则。

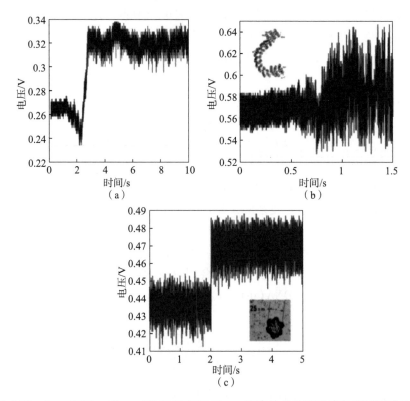

图 4.52 4 nm DNA、10 nm PR65 蛋白和 25 nm 病毒的单分子诱捕电压"跳变"信号
(a)4 nm DNA；(b)10 nm PR65 蛋白；(c)25 nm 病毒

　　在分子稳定捕获基础上，利用窄线宽可调谐激光激发单分子低频共振，可覆盖 0.01～100 THz 频段电磁场激励和分子振动特性探测表征。从图 4.53 测试结果看，10 nm PR65 蛋白在约 40 GHz 有低频振动；25 nm 病毒在约 33 GHz 有低频振动谱。这说明溶液中单分子太赫兹光学探测技术的可行性。由于可调谐激光器调谐范围限制，一次扫描频率范围覆盖频率范围较窄，无法探测多个振动谱。

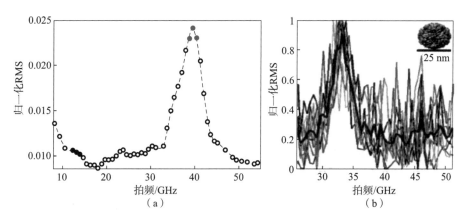

图 4.53　10 nm PR65 蛋白振动频率和 25 nm 病毒振动频率
（a）10 nm PR65 蛋白振动频率；（b）25 nm 病毒振动频率

　　太赫兹振动光学探测灵敏度是重要参数，该技术通过测量透射光变化，获得微粒的动力学规律。透射光的变化主要由微粒的布朗运动所决定，试验系统噪声可在实验前进行测量，且系统噪声远小于微粒运动引起的噪声。因此，探测灵敏度主要取决于捕获微观粒子和进行太赫兹振动激励，当微粒产生本征振动的模式分布即形态变化大于热运动时，系统即可以进行测量。

　　图 4.54 所示是对牛血清白蛋白（BSA）的光电探测器信号（5 kHz 采样）进行傅里叶变换得到的热运动频谱。由测量数据可以得到，折叠状态蛋白的频谱为 3 dB，截止频率为 98 Hz；非折叠装态时的截止频率为 54 Hz。

　　由能量均分原理，诱捕刚度 $\alpha\langle x^2\rangle = k_B T$。其中，$k_B$ 为玻耳兹曼常数；T 为热力学温度；x 为粒子偏离平衡位置的微位移。位置方差 $\langle x^2\rangle$ 与信号功率谱密切相关。

　　由于布朗运动，粒子在捕获中心的微位移 x 的概率分布可由玻耳兹曼分布表示为

$$P(x) \propto \exp\left(\frac{-U(x)}{k_B T}\right) = \exp\left(\frac{-\alpha x^2}{2k_B T}\right) \qquad (4-54)$$

式中：$U(x)$ 为诱捕势能；$k_B T$ 为热平衡时的能量。

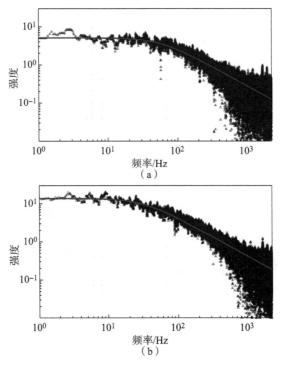

图 4.54 BSA 的运动频谱

(a)折叠状态；(b)非折叠状态

当电势为谐波时，该分布是与势阱刚度 α 相关的简单高斯分布。当电势为非谐波时，通过取对数并求解 $U(x)$，可以利用位置直方图来表征捕获电压的分布：

$$U(x) = \alpha\left(ax + \frac{x^2}{2} + bx^3 + cx^4 + \cdots \right) \qquad (4-55)$$

探测场光透射光强度的均方根（RMS）与势能 $U(x)$ 成正比，可以通过 APD 电压信号的 RMS 概率分布求解 $U(x)$ 的多项式系数 a、b、c。通常，$U(x)$ 近似为简谐势能，即 $a = b = c = 0$，得到与诱捕刚度系数 α 相关的高斯概率分布。

由式（4-55），要获得稳定的粒子诱捕，需要光学诱捕势能大于热平衡时能量 k_BT 的 10 倍，即 $10k_BT$，即被测粒子动能约 10^{-20} J。

第 5 章

分子太赫兹光谱的应用

　　常见的太赫兹光谱技术有时域光谱、时间分辨光谱和太赫兹发射光谱技术。其中，太赫兹时域光谱技术通过对测量样品的太赫兹吸收谱进行分析，利用光谱指纹特征来分析待测物的成分和相对含量。太赫兹光谱技术在生物领域应用主要基于不同生物分子或生物分子间不同的结合方式所展示的独有的太赫兹特性，通过分析吸收或反射系数的差异来识别目标物质。太赫兹时间分辨光谱（Time–Resolved THz Spectroscopy，TRTS）属于光抽运效应/太赫兹探测的光谱技术，是光学抽运技术和太赫兹波时域光谱技术结合的一种非接触式的电场探测技术，用于在亚皮秒时间尺度上研究样品吸收特性。TRTS 有两种不同类型的实验：第一种是根据泵浦光束和探测光束之间的时间延迟来检测太赫兹峰值信号在时域的变化。因为泵浦光束被斩波器调制，所以测得的信号是光致激发的太赫兹透射率的变化。第二种是将泵浦延迟时间固定，收集完整的太赫兹波形，从而计算出样品的光致激发吸收系数、折射率和电导率。太赫兹发射光谱（THz Emission Spectroscopy，TES）中待测样品本身就是太赫兹辐射源。通过分析辐射的太赫兹波形获得材料内部特性参数和有关形成或阻碍太赫兹产生的物理化学过程。

　　太赫兹光谱技术的研究覆盖了从分子到细胞，再到组织等不同生物水平的存在。本章将简要介绍分子太赫兹光谱在生物分子和药物检测领域的应用。

5.1 生物分子检测

神经递质是神经信息传递过程中的重要化学物质，开展神经递质在太赫兹频段的信息探测，对于揭示太赫兹波在生物神经系统中的传输与作用具有重要的意义。下面利用太赫兹光谱探测技术，对组胺及相关物的小分子神经递质进行太赫兹光谱探测，以获得它们在太赫兹频段的指纹光谱。

1. 组胺神经递质的太赫兹频段信息探测

组胺（Histamine）是一种自体活性物质，它以无活性结合型存在于肥大细胞和嗜碱性粒细胞的颗粒中。在体内的组胺由组氨酸经组氨酸脱羧酶（Histidine Decarboxylase，HDC）脱羧基而成，具有多种生物活性作用，包括过敏反应、炎性反应等。肥大细胞和嗜碱性粒细胞致敏后能通过脱颗粒释放组胺，并与组胺受体结合，从而产生生物学效应，包括过敏性反应和炎症反应。组胺的活化有赖于其相应的 4 个受体。按被发现顺序命名为 H1R、H2R、H3R 和 H4R。HRs 属 G 蛋白偶联受体（G Protein - Coupled Receptors，GPCRs）家族成员，通过偶联激活特异性 G 蛋白进行信号转导。组胺在 pH 值较低的环境中（小于 4）主要以组氨酸二盐酸盐（Histamine Dihydrochloride）的物种形式存在。图 5.1 所示为组胺的两种构象。

环境因素特别是水对组胺的太赫兹吸收光谱会产生质的影响。在实验过程中发现，对于在手套箱中制备的和在一般实验室中制备的样品，它们的太赫兹吸收光谱有明显差异。图 5.2 所示的是在实验室环境（较大湿度）和在手套箱中制备样品的太赫兹实验光谱图。

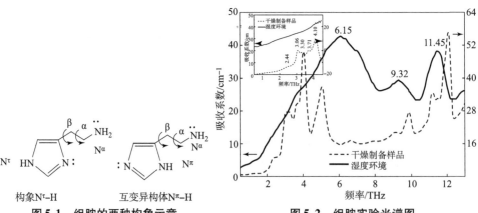

图 5.1 组胺的两种构象示意   图 5.2 组胺实验光谱图

图 5.3 所示为室温下组胺及其盐酸盐在 0.5～13.0 THz 频率范围内的太赫兹吸收谱。由图可以看出，组胺在该太赫兹区域有一系列丰富的特征吸收峰，其中在 2.47 THz、3.13 THz、3.33 THz、3.74 THz、4.10 THz、5.11 THz、9.85 THz、11.19 THz、12.09 THz 的吸收峰相对较强。插图为室温下宽频空气等离子体和 TAS7400TS 两种太赫兹时域光谱系统在 0.5～4.5 THz 频率范围内组胺吸收光谱

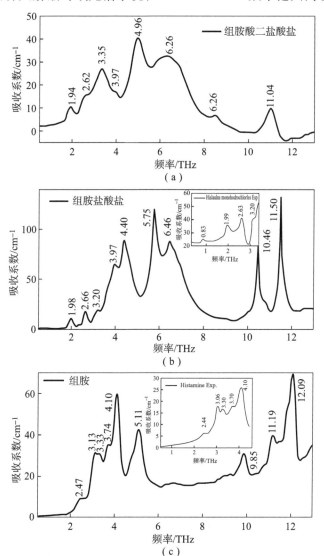

图 5.3　室温下，在 0.5～13 THz 频率范围内的太赫兹吸收光谱（插图：空气等离子体系统和快速 AS7400TS 系统在 0.5～4.5 THz 范围内组胺吸收光谱的比对）

（a）组胺二盐酸盐；（b）组胺盐酸盐；（c）组胺

的比对，可以看出光谱特征基本一致，除了组胺盐酸盐（Histamine hydrochloride）在 0.83 THz 处有一个新出现的峰外，该吸收峰未在宽频空气等离子体系统出现，主要原因是受限于仪器的信噪比。

2. 多肽类神经递质的太赫兹频段信息探测

神经系统中除存在大量小分子神经递质外，还存在诸多神经肽类（Neuropeptides）的相对大的分子，具有非常重要的生物学效应。谷胱甘肽（Glutathione）是哺乳动物体内具有重要生命作用的短肽，几乎遍布哺乳动物的每一个细胞。谷胱甘肽是三种氨基酸通过肽键缩合而成的，不同氨基酸类神经递质在太赫兹频段有不同的光谱吸收，这些指纹光谱特征能够在生物样品的无标记探测中发挥作用。

如图 5.4 所示，谷胱甘肽有氧化型（GSSG）和还原型（GSH）两种形态。其中，GSH 是由谷氨酸、半胱氨酸和甘氨酸通过肽键缩合而成的三肽化合物。两种形态的谷胱甘肽具有典型的链式结构和柔性特点，其分子的构型构象在发挥其生物学功能方面具有重要的作用。由于 GSH 和 GSSG 分子结构不同，两种分子的分子间弱相互作用力、分子构型构象以及固体存在形式都会发生改变。太赫兹光谱技术对这些不同结构分子的特异性振动模式比较敏感，能够用以研究具有生物活性的分子的构型和构象特点，被广泛地应用于生物分子如糖、核酸和蛋白质等的结构分析以及分子相互识别的研究。

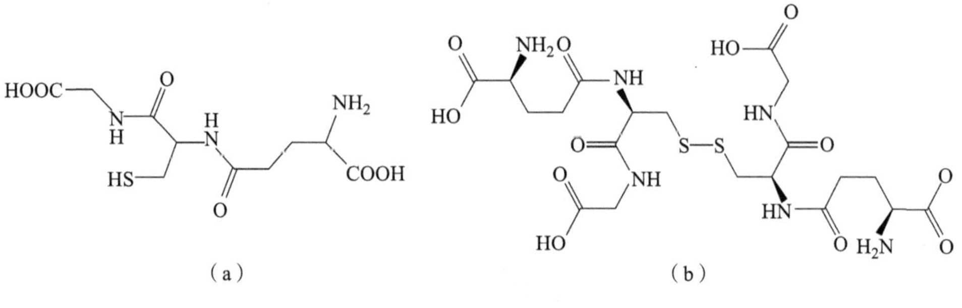

（a） （b）

图 5.4　GSH 和 GSSG 的二维结构

从图 5.5 所示中观察到 GSH 在 0.5～12 THz 频率范围内出现一系列清晰的特征吸收峰（标注峰值线），其中 4.38 THz、5.96 THz、9.03 THz 和 10.71 THz 处吸收峰的吸收强度较大。GSSG 在对应波段呈现的是一条单调上升的吸收曲线（无峰值线），没有出现明显的特征吸收峰。生物分子通常是在氢键的定向作用下有序堆叠形成晶体，当太赫兹光束与分子晶体作用时，特定波段太赫兹的能量与晶体子和氢键振动所需能量匹配，分子产生共振响应，因此在具有晶型结构物质的太赫兹光谱中会出现一系列特征吸收峰。非晶物质内分子不能按照一定规律长时间有序排列，且存在氢键取向随机的现象，导致非晶物质对太赫兹波呈现单调递增的无特征吸收。非晶态物质缺乏这种协同共振响应，因此观察不到相应的尖锐吸收峰。

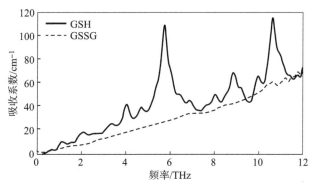

图 5.5　GSH 和 GSSG 在频率范围为 0.5～12 THz 的宽频太赫兹吸收光谱

5.2　药物质量检测

药物是生物医学的重要组成部分，目前，太赫兹光谱和成像技术已被用于分析不同状态下药片转换或者药品外包衣层等。同时，在药品成分检查中，可以通过太赫兹光谱技术，监测药品成分，判断其主要成分是否满足设计要求；通过太赫兹技术，人们还能测量药品同分异构体比率，这是传统技术中所不具备的能力。当前，很多药品为了满足人们需求，通常会在外部包裹一层或者数层壳体，这样不仅能保护药物，又能提高人体对药物的吸收能力，提高治疗效果。在太赫兹技术的支持下，人们能依靠成像技术对药物进行抽样检测，进而检查药物外壳是否完整，最终评价药物质量，促进药物质量完整。

在药物成分检测方面，2002 年，Walther 等使用 THz - TDS 技术对视黄醛分子的异构体进行了检测分析，发现药物的不同构型在太赫兹频段具有不同的吸收作用，并将这种吸收归于分子的集体扭转振动的不同。2003 年，Upadhya 等利用 THz - TDS 系统对 D -、L - 两种结构的葡萄糖进行了分析，并研究了它们的特征吸收，最终发现吸收峰的差别主要来源于分子间振动模式的差异。在国内，赵容娇等首先对 0～3 THz 波段的两种福多司坦同分异构体 L - 和 DL - 进行了分析，然后将试验与理论模拟结果进行了对比，证实了两者光谱存在巨大的差异。吉特等使用 THz - TDS 对青霉胺的三种对映异构体进行了分析研究。结果显示，三种对映异构体在太赫兹频段具有显著的区别，可用于进行混合物的定性识别与定量分析。

在药物质量检测方面，2009 年，Peiponen 等发现药物片剂孔隙率与其总折射率存在线性关系。可以利用零孔隙率近似（ZPA）的方法来测量片剂的孔隙率。Parrot 率先使用 THz – TDS 来结合有效介质近似的概念，即用 Maxwell – Garnett 模型来计算片剂的光学参数。同时，Tuononen 等利用维纳边界的概念强调了有效复介电常数和简单两相片孔隙率之间的相互作用。这三项研究为以后研究药片孔隙微结构打下了基础。2014 年，Bawuah 等成功地证明了 THz – TDS 结合 Bruggeman 有效介质近似可用于精确测量仅包含微晶纤维素（MCC）和空气的平面压坯的孔隙率。Bawuah 的研究取得成功之后，对片剂的配方和形状进行了一系列复杂程度的后续研究。

孔隙率是衡量药品片剂质量的重要属性之一，其大小直接影响药物片剂的机械性能、质量传递，同时也会影响药物片剂的崩解以及最终的生物利用度。目前常用的药物片剂孔隙率检测方法主要有压汞法、氦比重法、核磁共振法、X 射线法、拉曼光谱法和近红外光谱法。其中，汞孔隙法、氦比重法会破坏药片结构，是破坏性检测手段，并且无法检测到孤立和闭合的孔隙；核磁共振法、X 射线法会产生具有潜在危害的电离辐射，冗长的测量和图像处理过程也是其显著缺点之一；拉曼光谱法和近红外光谱法由于激光的热效应和荧光效应，在药片的孔隙率研究中也存在不小的阻碍。

本课题组在前期研究中，提出了一种利用连续太赫兹波对单个药物片剂进行孔隙率检测的方法，分别用两种标准规格的平面药物片剂作为研究对象，使用矢量网络分析仪在 500 ~ 750 GHz 频率范围内测量通过每个药片传输的信号。实验设置如图 5.6 所示。

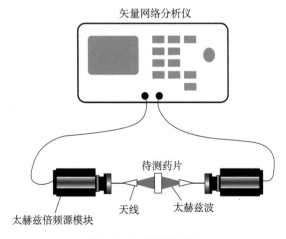

图 5.6 实验设置示意

首先利用太赫兹时域光谱仪(TDS)测量两种药物片剂，得到的太赫兹时域谱如图 5.7(a)所示。太赫兹脉冲经过药物片剂与没有待测样品(参考信号)间的时间延迟 Δt。根据有效光路径的原理，时域有效折射率的计算公式为

$$n_{\text{eff}} = \frac{c\Delta t}{H} + 1 \qquad (5-1)$$

式中：c 为真空中光速；H 为药物片剂的厚度。

图 5.7(b)所示为时域有效折射率的计算结果。由图可知，两种药片的有效折射率随频率变化都有微小的波动。

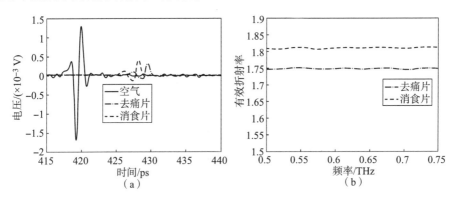

图 5.7　药物片剂的时域谱和有效折射率

(a)时域谱；(b)有效折射率

图 5.8 所示为连续太赫兹药物片剂孔隙率测试系统，由矢量网络分析仪、500~750 GHz 倍频器、矩形波导、喇叭天线和药物片剂夹具组成。测试过程分为无药物片剂基底信号测试和有药物片剂传输特性测试。利用矢量网络分析仪测试记录太赫兹信号的 S_{11} 和 S_{21} 传输特性幅值和相位信息，经数据处理后得到药物有效折射率，进一步得到药物片剂孔隙率。

图 5.8　连续太赫兹系统装置示意

图 5.9 所示为利用连续太赫兹波系统所测得的数据。首先使用式(5-2)从测得的 S 参数中提取出每个片剂的包裹相位值[图 5.9(a)]:

$$\varphi_{S12} = \arctan\left[\frac{\mathrm{Im}(S12)}{\mathrm{Re}(S12)}\right] \tag{5-2}$$

然后对包裹相位值进行相位展开[图 5.9(b)]和校正以得到片剂的真实相位值,并通过式(5-3)计算药物片剂与空气的相位差得到药片的有效折射率,计算结果如图 5.9(c)所示。

$$n_{\mathrm{eff}}(v) = \frac{c\theta}{2\pi v H} + 1 \tag{5-3}$$

式中: v 为太赫兹频率; c 为真空中的光速; H 为药物片剂的厚度。

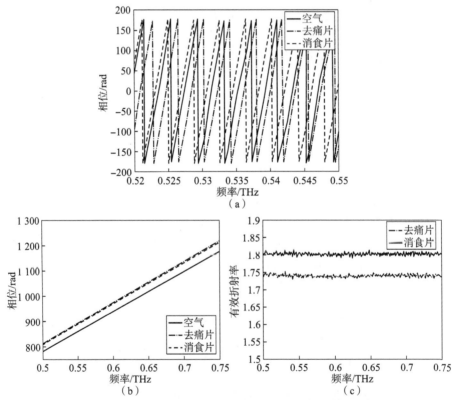

图 5.9　药物片剂太赫兹频域的相位谱、相位展开图和有效折射率

(a)相位谱；(b)相位展开图；(c)有效折射率

基于有效折射率与药物片剂孔隙率建立一种线性模型,即零孔隙率近似法(ZPA):

$$n_{eff} = n_{solid} + (1 - n_{solid})f \tag{5-4}$$

式中：n_{solid} 为药物片剂的固体折射率；有效折射率 n_{eff} 通过连续太赫兹波系统测量得到。

　　使用矢量网络分析仪测得计算两种药片的孔隙率与采用气体置换法测量的标准孔隙率的相对误差分别为 7.3% 和 5.3%。实验结果表明，利用连续太赫兹波检测药片孔隙率的方法具有可行性。太赫兹波检测药片孔隙率的方法简单、实用，并能做到无损、快速检测，为今后药物片剂制造生产中的快速、灵敏和无损孔隙率测量工作奠定了基础。

参考文献

[1] JEONG S Y, CHEON H, LEE D, et al. Determining terahertz resonant peaks of biomolecules in aqueous environment [J]. Optics Express, 2020, 28 (3): 3854 – 63.

[2] YAMAZAKI S, HARATA M, UENO Y, et al. Propagation of THz irradiation energy through aqueous layers: Demolition of actin filaments in living cells [J]. Scientific reports, 2020, 10(1): 9008.

[3] LóPEZ LORENTE Á I, KRANZ C. Recent advances in biomolecular vibrational spectroclectrochemistry [J]. Current Opinion in Electrochemistry, 2017, 5(1): 106 – 13.

[4] LI Y, LI P, LU Z. Molecular orientation and energy levels at organic interfaces [J]. Advanced Electronic Materials, 2016, 2(11): 1600306.

[5] VENKATESWARLU K. Temperature dependence of the intensities of Raman lines [J]. Nature, 1947, 159(4029): 96 – 7.

[6] PARACHALIL D R, BRUNO C, BONNIER F, et al. Analysis of bodily fluids using vibrational spectroscopy: a direct comparison of Raman scattering and infrared absorption techniques for the case of glucose in blood serum [J]. Analyst, 2019, 144(10): 3334 – 46.

[7] UTESOV O I, YASHENKIN A G, KONIAKHIN S V. Raman spectra of nonpolar crystalline nanoparticles: Elasticity theory – like approach for optical phonons

［J］. The Journal of Physical Chemistry C，2018，122（39）：22738 – 49.

［8］ GALSTYAN V，PAK O S，STONE H A. A note on the breathing mode of an elastic sphere in Newtonian and complex fluids［J］. Physics of Fluids，2015，27（3）：032001.

［9］ MIN H，HRISTINA P，XUAN W，et al. Time – resolved and steady state spectroscopy of polydisperse colloidal silver nanoparticle samples［J］. The Journal of Physical Chemistry B，2005，109（30）：14426 – 32.

［10］ DAO X，GORDON R. Nanoparticle acoustic resonance enhanced nearly degenerate four – wave mixing［J］. ACS Photonics，2016，3（8）：1421 – 5.

［11］ BOTTI G，CEOTTO M，CONTE R. On – the – fly adiabatically switched semiclassical initial value representation molecular dynamics for vibrational spectroscopy of biomolecules［J］. The Journal of Chemical Physics，2021，155（23）：234102.

［12］ ZHANG S，QI Y，TAN S P H，et al. Molecular Fingerprint Detection Using Raman and Infrared Spectroscopy Technologies for Cancer Detection：A Progress Review［J］. Biosensors，2023，13（5）：557.

［13］ SUN L，ZHAO L，PENG R. Research progress in the effects of terahertz waves on biomacromolecules［J］. Military Medical Research，2021，8（1）：1 – 8.

［14］ HAO B，MAOSHENG Y，RUI Y. Advances in terahertz metasurface graphene for biosensing and application［J］. Discover Nano，2023，18（1）：63.

［15］ GLANCY P，BEYERMANN W. Dielectric properties of fully hydrated nucleotides in the terahertz frequency range［J］. The Journal of chemical physics，2010，132（24）：06B614.

［16］ DROTLEFF B，LÄMMERHOFER M. Guidelines for selection of internal standard – based normalization strategies in untargeted lipidomic profiling by LC – HR – MS/MS［J］. Analytical chemistry，2019，91（15）：9836 – 43.

［17］ DAS D K，DAS MAHANTA D，MITRA R K. Nonmonotonic hydration behavior of bovine serum albumin in alcohol/water binary mixtures：a terahertz spectroscopic investigation［J］. ChemPhysChem，2017，18（7）：749 – 54.

［18］ WU J Z，LI Z H，LI M W. Plasmonic refractive index sensing enhanced by anapole modes in metal – dielectric nanostructure array［J］. Journal of Optics，2021，23（3）：035002.

［19］ 马晓菁，赵红卫，刘桂锋，等. 多种糖混合物的太赫兹时域光谱定性及定量分析研究［J］. 光谱学与光谱分析，2009，29（11）：2885 – 8.

[20] KAIDI L, XUEQUAN C, RUI Z, et al. Classification for glucose and lactose terahertz spectrums based on SVM and DNN methods [J]. IEEE Transactions on Terahertz Science and Technology, 2020, 10(6): 617 – 23.

[21] AMI D, MEREGHETTI P, NATALELLO A. Contribution of Infrared Spectroscopy to the Understanding of Amyloid Protein Aggregation in Complex Systems [J]. Frontiers in Molecular Biosciences, 2022, 9.

[22] KALANOOR B S, RONEN M, OREN Z, et al. New method to study the vibrational modes of biomolecules in the terahertz range based on a single – stage Raman spectrometer [J]. ACS omega, 2017, 2(3): 1232 – 40.

[23] SINGH R, GEORGE D K, BAE C, et al. Modulated orientation – sensitive terahertz spectroscopy [J]. Photonics Research, 2016, 4(3): A1 – A8.

[24] XUEYE C. Molecular dynamics simulation of nanofluidics [J]. Reviews in Chemical Engineering, 2018, 34(6): 875 – 85.

[25] ABRAHAM M J, MURTOLA T, SCHULZ R, et al. GROMACS: High performance molecular simulations through multi – level parallelism from laptops to supercomputers [J]. SoftwareX, 2015, 1: 19 – 25.

[26] WU J, YANG H, WANG Y, et al. Self – referenced nanometric displacement sensing assisted by optical anapole mode [J]. Transactions of the Institute of Measurement and Control, 2022, 44(13): 2611 – 5.

[27] BORN B, WEINGÄRTNER H, BRüNDERMANN E, et al. Solvation dynamics of model peptides probed by terahertz spectroscopy. Observation of the onset of collective network motions [J]. Journal of the American Chemical Society, 2009, 131(10): 3752 – 5.

[28] BRüNDERMANN E, BORN B, FUNKNER S, et al. Terahertz spectroscopic techniques for the study of proteins in aqueous solutions; proceedings of the Terahertz Technology and Applications II, F, 2009 [C]. SPIE.

[29] SAAD FALCON A, ZHANG Z, RYOO D, et al. Extraction of Dielectric Permittivity from Atomistic Molecular Dynamics Simulations and Microwave Measurements [J]. The Journal of Physical Chemistry B, 2022, 126(40): 8021 – 9.

[30] NEUMANN M, STEINHAUSER O. On the calculation of the frequency – dependent dielectric constant in computer simulations [J]. Chemical physics letters, 1983, 102(6): 508 – 13.

[31] CAMETTI C, MARCHETTI S, GAMBI C, et al. Dielectric relaxation spectroscopy

of lysozyme aqueous solutions: analysis of the δ – dispersion and the contribution of the hydration water [J]. The Journal of Physical Chemistry B, 2011, 115 (21): 7144 – 53.

[32] HE M, CHEN T. Application of terahertz science and technology in biomedicine [J]. J Electron Meas Instrum, 2012, 26(6): 471 – 83.

[33] YAN HONG W, LEI W, JING ZHI W. Nanoscale electromagnetic field interaction generated by microtubule vibration in neurons [J]. ACTA PHYSICA SINICA, 2021, 70(15).

[34] MONDAL S, BAGCHI B. From structure and dynamics to biomolecular functions: The ubiquitous role of solvent in biology [J]. Current Opinion in Structural Biology, 2022, 77: 102462.

[35] CHARKHESHT A, REGMI C K, MITCHELL KOCH K R, et al. High – precision megahertz – to – terahertz dielectric spectroscopy of protein collective motions and hydration dynamics [J]. The Journal of Physical Chemistry B, 2018, 122 (24): 6341 – 50.

[36] DOAN L C, DAHANAYAKE J N, MITCHELL KOCH K R, et al. Probing adaptation of hydration and protein dynamics to temperature [J]. ACS omega, 2022, 7 (25): 22020 – 31.

[37] HU K, MATSUURA H, SHIRAKASHI R. Stochastic Analysis of Molecular Dynamics Reveals the Rotation Dynamics Distribution of Water around Lysozyme [J]. The Journal of Physical Chemistry B, 2022, 126(24): 4520 – 30.

[38] HöLZL C, FORBERT H, MARX D. Dielectric relaxation of water: Assessing the impact of localized modes, translational diffusion, and collective dynamics [J]. Physical Chemistry Chemical Physics, 2021, 23(37): 20875 – 82.

[39] LAAGE D, ELSAESSER T, HYNES J T. Water dynamics in the hydration shells of biomolecules [J]. Chemical Reviews, 2017, 117(16): 10694 – 725.

[40] GONG A, QIU Y, CHEN X, et al. Biomedical applications of terahertz technology [J]. Applied Spectroscopy Reviews, 2020, 55(5): 418 – 38.

[41] WANG Y, ZHAO P, GAO W, et al. Optimization of forward – scattered light energy and de – coherence of Mie scattering for speckle suppression [J]. Optical and Quantum Electronics, 2015, 47: 235 – 46.

[42] JOINT F, GAY G, VIGNERON P, et al. Compact and sensitive heterodyne receiver at 2.7 THz exploiting a quasi – optical HEB – QCL coupling scheme [J]. Applied Physics Letters, 2019, 115(23): 231104.

［43］牛中乾，张波，周震，等．220 GHz 太赫兹全双工高速通信系统［J］．无线电通信技术，2019．

［44］SONG H, AJITO K, MURAMOTO Y, et al. 24 Gbit/s data transmission in 300 GHz band for future terahertz communications［J］. Electronics Letters, 2012, 48(15): 953 – 4.

［45］王腾云．单行载流子光电二极管太赫兹源中的宽带天线的设计［D］．北京：北京邮电大学，2017．

［46］徐英．基于光子混频的连续太赫兹辐射产生及应用研究［D］．杭州：浙江大学，2011．

［47］KUROKAWA T, ISHIBASHI T, SHIMIZU M, et al. Over 300 GHz bandwidth UTC – PD module with 600 GHz band rectangular – waveguide output［J］. Electronics Letters, 2018, 54(11): 705 – 6.

［48］MEHDI I, CHATTOPADHYAY G, SCHLECHT E, et al. Terahertz multiplier circuits; proceedings of the 2006 IEEE MTT – S International Microwave Symposium Digest, F, 2006［C］. IEEE.

［49］KAWASE K, OGAWA Y, WATANABE Y, et al. Non – destructive terahertz imaging of illicit drugs using spectral fingerprints［J］. Optics express, 2003, 11(20): 2549 – 54.

［50］WALLACE V P, TADAY P F, FITZGERALD A J, et al. Terahertz pulsed imaging and spectroscopy for biomedical and pharmaceutical applications［J］. Faraday Discussions, 2004, 126: 255 – 63.

［51］YUCHENG L, WEIHAO L, QIKA J, et al. Performance enhancement of terahertz laser diode via resonant cavities［J］. IEEE Transactions on Electron Devices, 2021, 68(12): 6465 – 9.

［52］XIANG Y, CHENG W, ZHI H, et al. Emerging terahertz integrated systems in silicon［J］. IEEE Transactions on Circuits and Systems I: Regular Papers, 2021, 68(9): 3537 – 50.

［53］曹俊诚，韦舒婷，郑永辉，等．半导体超晶格太赫兹倍频器研究［J］．太赫兹科学与电子信息学报，2023，21(04): 517 – 22.

［54］张明浩，董亚洲，梁士雄．基于肖特基二极管单片集成芯片的 340GHz 收发链路［J］．量子电子学报，2023，40(03): 369 – 75.

［55］吴勇标．矢网太赫兹频段扩频组件关键部件研制［D］．成都：电子科技大学，2022．

［56］YONG Z, CHENGKAI W, XIAOYU L, et al. The Development of Frequency

Multipliers for Terahertz Remote Sensing System［J］. Remote Sensing，2022，14(10)：2486.

［57］张立森，梁士雄，杨大宝，等. 基于平面肖特基二极管的 300 GHz 平衡式二倍频器［J］. 电子技术应用，2019，45(07)：14 - 8.

［58］TANG A Y，SCHLECHT E，CHATTOPADHYAY G，et al. Steady - state and transient thermal analysis of high - power planar Schottky diodes；proceedings of the 22nd International Symposium on Space Terahertz Technology，F，2011［C］. Citeseer.

［59］宫玉彬，周庆，田瀚文，等. 基于电子学的太赫兹辐射源［J］. 深圳大学学报：理工版，2019，36(2)：111 - 27.

［60］吴远鹏，霍力，尚怀赢，等. 倍频傅里叶域模式锁定扫频激光源［J］. 半导体光电，2014，35(05)：908 - 11.

［61］FYATH R. Rectangular pulse - frequency multiplier using phase - locked loop［J］. International Journal of Electronics Theoretical and Experimental，1986，61(3)：365 - 9.

［62］FEILONG G，YIYAN X，YIRAN W，et al. Terahertz parametric oscillator with a rhombic ring - cavity［J］. Japanese Journal of Applied Physics，2022，61(4)：040901.

［63］姜万顺，邓建钦. 太赫兹测试测量技术与仪器研究进展［J］. 国外电子测量技术，2014，33(05)：20 - 3.

［64］孙志为. 矢量网络分析仪扩频技术研究［D］. 成都：电子科技大学，2010.

［65］LEWIS R. A review of terahertz detectors［J］. Journal of Physics D：Applied Physics，2019，52(43)：433001.

［66］NISSIYAH G J，MADHAN M G. A narrow spectrum terahertz emitter based on graphene photoconductive antenna［J］. Plasmonics，2019，14：2003 - 11.

［67］SINGH A，PASHKIN A，WINNERL S，et al. Up to 70 THz bandwidth from an implanted Ge photoconductive antenna excited by a femtosecond Er：fibre laser［J］. Light：Science & Applications，2020，9(1)：30.

［68］JOINT F，GAY G，VIGNERON P - B，et al. Compact and sensitive heterodyne receiver at 2. 7 THz exploiting a quasi - optical HEB - QCL coupling scheme［J］. Applied Physics Letters，2019，115(23)：231104.

［69］BURKHARTSMEYER J，WANG Y，WONG K S，et al. Optical trapping，sizing，and probing acoustic modes of a small virus［J］. Applied Sciences，2020，10(1)：394.

[70] ROGALSKI A, KOPYTKO M, MARTYNIUK P. Two – dimensional infrared and terahertz detectors: Outlook and status [J]. Applied Physics Reviews, 2019, 6(2): 021316.

[71] MINGYU Z, DAYAN B, CHAO X, et al. Large – area and broadband thermoelectric infrared detection in a carbon nanotube black – body absorber [J]. ACS nano, 2019, 13(11): 13285 – 92.

[72] MOBINI A, SOLAIMANI M. A quantum rings based on multiple quantum wells for 1.2 – 2.8 THz detection [J]. Physica E: Low – dimensional Systems and Nanostructures, 2018, 101: 162 – 6.

[73] JIA J, WANG T, ZHANG Y, et al. High – temperature photon – noise – limited performance terahertz quantum – well photodetectors [J]. IEEE Transactions on Terahertz Science and Technology, 2015, 5(5): 715 – 24.

[74] 王琳, 陈鹤鸣. 太赫兹辐射源与波导耦合研究新进展 [J]. 光电子技术, 2007, (04): 239 – 42.

[75] MENDIS R, MITTLEMAN D M. Comparison of the lowest – order transverse – electric (TE 1) and transverse – magnetic (TEM) modes of the parallel – plate waveguide for terahertz pulse applications [J]. Optics express, 2009, 17(17): 14839 – 50.

[76] WANG K, MITTLEMAN D M. Metal wires for terahertz wave guiding [J]. Nature, 2004, 432(7015): 376 – 9.

[77] WANG K, MITTLEMAN D M. Guided propagation of terahertz pulses on metal wires [J]. JOSA B, 2005, 22(9): 2001 – 8.

[78] CAO Q, JAHNS J. Azimuthally polarized surface plasmons as effective terahertz waveguides [J]. Optics express, 2005, 13(2): 511 – 8.

[79] WANG K, MITTLEMAN D M. Dispersionless terahertz waveguides; proceedings of the LEOS 2006 – 19th Annual Meeting of the IEEE Lasers and Electro – Optics Society, F, 2006 [C]. IEEE.

[80] WäCHTER M, NAGEL M, KURZ H. Frequency – dependent characterization of THz Sommerfeld wave propagation on single – wires [J]. Optics Express, 2005, 13(26): 10815 – 22.

[81] 王文祥. 微波工程技术 [M]. 北京: 国防工业出版社, 2014.

[82] 薛良金. 毫米波工程基础 [M]. 哈尔滨: 哈尔滨工业大学出版社, 2004.

[83] BELOHOUBEK E, DENLINGER E. Loss considerations for microstrip resonators (short papers) [J]. IEEE Transactions on Microwave Theory and Techniques,

1975, 23(6): 522 - 6.

[84] WHEELER H A. Transmission - line properties of parallel strips separated by a dielectric sheet [J]. IEEE Transactions on Microwave Theory and Techniques, 1965, 13(2): 172 - 85.

[85] 陈思, 武京治, 王艳红, 等. 基于 Au - TiO_2 涂层凹槽的 D 形光子晶体光纤的等离激元红外传感器设计 [J]. 激光与光电子学进展, 2023, 60(07): 110 - 5.

[86] ZHI W J, HUI L Z, WEI L M, et al. Plasmonic refractive index sensing enhanced by anapole modes in metal - dielectric nanostructure array [J]. Journal of Optics, 2021, 23(3): 035002.

[87] ZHANG Y, LI Z J, LI B J. Multimode interference effect and self - imaging principle in two - dimensional silicon photonic crystal waveguides for terahertz waves [J]. Optics Express, 2006, 14(7): 2679 - 89.

[88] PONSECA JR C S, ESTACIO E, POBRE R, et al. Transmission characteristics of lens - duct and photonic crystal waveguides in the terahertz region [J]. JOSA B, 2009, 26(9): A95 - A100.

[89] LONČAR M, VUČKOVIĆ J, SCHERER A. Methods for controlling positions of guided modes of photonic - crystal waveguides [J]. JOSA B, 2001, 18(9): 1362 - 8.

[90] ADIBI A, LEE R, XU Y, et al. Design of photonic crystal optical waveguides with singlemode propagation in the photonic bandgap [J]. Electronics Letters, 2000, 36(16): 1376 - 8.

[91] PARK S J, PARKER JERVIS R S, CUNNINGHAM J E. Enhanced Terahertz Spectral - Fingerprint Detection of α - Lactose Using Sub - Micrometer - Gap On - Chip Waveguides [J]. Advanced Theory and Simulations, 2022, 5 (3): 2100428.

[92] SIMONS R N. Coplanar waveguide circuits, components, and systems [M]. John Wiley & Sons, 2004.

[93] 黄建华. THz 超导动态电感传感器技术研究 [D]. 成都: 电子科技大学, 2022.

[94] 王峰. 天线的阻抗分析与测量 [D]. 郑州: 郑州大学, 2007.

[95] 朱明杰, 卓君华. 传输线的反射干扰 [J]. 电子测试, 2009, (06): 70 - 3.

[96] 王艳红, 雷霆, 武京治, 等. 一种基于微流控—共面波导结合的太赫兹生

物传感器. CN115420706A [P/OL].

[97] GAO W, SINGH N, SONG L, et al. Direct laser writing of micro – supercapacitors on hydrated graphite oxide films [J]. Nature nanotechnology, 2011, 6(8): 496 – 500.

[98] 郭庆, 蔡银平, 赵志岩, 等. 微波元件矩形波导的理论和仿真分析 [J]. 电子世界, 2020, (21): 90 – 3.

[99] 张洪欣. 波导传播模式分布分析的不等式法 [J]. 教育现代化, 2018, 5 (48): 235 – 6.

[100] 顾继慧. 微波技术 [M]. 北京: 科学出版社, 2004.

[101] SOUTHWORTH G C. Principles and applications of waveguide transmission [J]. Bell System Technical Journal, 1950, 29(3): 295 – 342.

[102] 武京治, 王艳红, 杨恒泽, 等. 长量程光学自参考位移传感器. CN112857232B [P/OL].

[103] ZHOU Y, LIU H, LI E, et al. Design of a wideband transition from double – ridge waveguide to microstrip line; proceedings of the 2010 International Conference on Microwave and Millimeter Wave Technology, F, 2010 [C]. IEEE.

[104] DONG Y, ZHURBENKO V, HANBERG P J, et al. A D – band rectangular waveguide – to – coplanar waveguide transition using wire bonding probe [J]. Journal of Infrared, Millimeter, and Terahertz Waves, 2019, 40: 63 – 79.

[105] 武京治, 王艳红, 刘川玉, 等. 一种基于共面波导与谐振结构结合的太赫兹生物传感器, CN114527090A [P/OL].

[106] WANG Y, WU J. Broadband absorption enhancement of refractory plasmonic material with random structure [J]. Plasmonics, 2017, 12: 473 – 8.

[107] 杨恒泽, 刘川玉, 武京治, 等. 太赫兹矩形波导与共面波导耦合结构设计 [J]. 红外与激光工程, 2022, 51(8): 20210733 – 1 – 6.

[108] LI E S, TONG G, NIU D C. Full W – band waveguide – to – microstrip transition with new E – plane probe [J]. IEEE microwave and wireless components letters, 2013, 23(1): 4 – 6.

[109] DONG Y, JOHANSEN T K, ZHURBENKO V, et al. Rectangular waveguide – to – coplanar waveguide transitions at U – band using E – plane probe and wire bonding; proceedings of the 2016 46th European Microwave Conference (EuMC), F, 2016 [C]//IEEE.

[110] HANNING J, DRAKINSKIY V, SOBIS P, et al. A broadband THz waveguide –

to – suspended stripline loop – probe transition; proceedings of the 2017 IEEE MTT – S International Microwave Symposium (IMS), F, 2017 [C]//IEEE.

[111] WU C, ZHANG Y, XU Y, et al. Millimeter – wave waveguide – to – microstrip transition with a built – in DC/IF return path [J]. IEEE Transactions on Microwave Theory and Techniques, 2020, 69(2): 1295 – 304.

[112] WU C, ZHANG Y, LI Y, et al. Millimeter – wave waveguide – to – microstrip inline transition using a wedge – waveguide iris [J]. IEEE Transactions on Microwave Theory and Techniques, 2021, 70(2): 1087 – 96.

[113] ZHANG B, ZHANG Y, WU C, et al. Millimeter – Wave Broadband Waveguide – to – Microstrip Transition Using a Bifurcated Probe [J]. IEEE Microwave and Wireless Components Letters, 2022, 32(9): 1031 – 4.

[114] MOZHAROVSKIY A, ARTEMENKO A, SSORIN V, et al. Wideband tapered antipodal fin – line waveguide – to – microstrip transition for E – band applications; proceedings of the 2013 European Microwave Conference, F, 2013 [C]. IEEE.

[115] 荀民, 赵宇博. W 波段对脊鳍线波导微带过渡设计与实现 [J]. 火控雷达技术, 2018, 47(04): 67 – 9 + 78.

[116] ISLAM M, SULTANA J, CORDEIRO C M, et al. Broadband characterization of glass and polymer materials using THz – TDS; proceedings of the 2019 44th International Conference on Infrared, Millimeter, and Terahertz Waves (IRMMW – THz), F, 2019 [C]//IEEE.

[117] AGRAWAL G P. Fiber – optic communication systems [M]. John Wiley & Sons, 2012.

[118] POLI F, CUCINOTTA A, SELLERI S. Photonic crystal fibers: properties and applications [M]. Springer Science & Business Media, 2007.

[119] KNIGHT J C, BROENG J, BIRKS T A, et al. Photonic band gap guidance in optical fibers [J]. Science, 1998, 282(5393): 1476 – 8.

[120] WONG G, BERAVAT R, XI X, et al. Twist – induced waveguiding in coreless photonic crystal fiber: A new guidance mechanism; proceedings of the Optical Fiber Communication Conference, F, 2016 [C]//Optica Publishing Group.

[121] RAHMAN M M, MOU F A, BHUIYAN M I H, et al. Refractometric THz sensing of blood components in a photonic crystal fiber platform [J]. Brazilian Journal of Physics, 2022, 52(2): 47.

[122] RANA S, SAIFUL ISLAM M, FAISAL M, et al. Single – mode porous fiber for

low – loss polarization maintaining terahertz transmission ［J］. Optical Engineering, 2016, 55(7): 076114.

［123］KAIJAGE S F, OUYANG Z, JIN X. Porous – core photonic crystal fiber for low loss terahertz wave guiding ［J］. IEEE Photonics Technology Letters, 2013, 25(15): 1454 – 7.

［124］汤炳书. C 6v 对称六角与圆形空气柱 TIR – PCF 基模色散比较 ［J］. 光通信研究, 2016, 42(3): 40.

［125］ISLAM M S, CORDEIRO C M, FRANCO M A, et al. Terahertz optical fibers ［J］. Optics express, 2020, 28(11): 16089 – 117.

［126］BARTON G, VAN EIJKELENBORG M A, HENRY G, et al. Fabrication of microstructured polymer optical fibres ［J］. Optical Fiber Technology, 2004, 10(4): 325 – 35.

［127］DUPUIS A, ALLARD J – F, MORRIS D, et al. Fabrication and THz loss measurements of porous subwavelength fibers using a directional coupler method ［J］. Optics express, 2009, 17(10): 8012 – 28.

［128］DUPUIS A, MAZHOROVA A, DéSéVéDAVY F, et al. Spectral characterization of porous dielectric subwavelength THz fibers fabricated using a microstructured molding technique ［J］. Optics express, 2010, 18(13): 13813 – 28.

［129］ATAKARAMIANS S, AFSHAR S, EBENDORFF HEIDEPRIEM H, et al. THz porous fibers: design, fabrication and experimental characterization ［J］. Optics express, 2009, 17(16): 14053 – 62.

［130］LI J, NALLAPPAN K, GUERBOUKHA H, et al. 3D printed hollow core terahertz Bragg waveguides with defect layers for surface sensing applications ［J］. Optics express, 2017, 25(4): 4126 – 44.

［131］VAN PUTTEN L, GORECKI J, FOKOUA E N, et al. 3D – printed polymer antiresonant waveguides for short – reach terahertz applications ［J］. Applied optics, 2018, 57(14): 3953 – 8.

［132］WU Z, NG W, GEHM M E, et al. Terahertz electromagnetic crystal waveguide fabricated by polymer jetting rapid prototyping ［J］. Optics express, 2011, 19(5): 3962 – 72.

［133］杨兴华. 微结构聚合物光纤的制备、修饰及在化学传感领域的应用研究 ［D］. 北京: 中国科学院研究生院(西安光学精密机械研究所), 2008.

［134］MORRIS J, FLECK JR J. Time – Dependent Propagation of High – Energy Laser Beams Through the Atmosphere: Ⅲ ［R］: LAWRENCE LIVERMORE

NATIONAL LAB CA, 1977.

[135] OBAYYA S, RAHMAN B A, EL – MIKATI H. New full – vectorial numerically efficient propagation algorithm based on the finite element method [J]. Journal of lightwave technology, 2000, 18(3): 409.

[136] 许强. 新型光子晶体光纤的数值模拟及应用研究 [D]. 西安: 陕西师范大学, 2014.

[137] YEE K. Numerical solution of initial boundary value problems involving Maxwell's equations in isotropic media [J]. IEEE Transactions on antennas and propagation, 1966, 14(3): 302 – 7.

[138] LAI C, YOU B, LU J, et al. Modal characteristics of antiresonant reflecting pipe waveguides for terahertz waveguiding [J]. Optics express, 2010, 18(1): 309 – 22.

[139] WANG Y, WU J, WANG G, et al. Resonance modulation and optical force of nanostructures with Au slabs array [J]. Optik, 2016, 127(5): 2969 – 72.

[140] SHERRY L J, CHANG S – H, SCHATZ G C, et al. Localized surface plasmon resonance spectroscopy of single silver nanocubes [J]. Nano letters, 2005, 5 (10): 2034 – 8.

[141] 冀宝庆, 李香宇, 王艳红, 等. 近红外与太赫兹双波段局域场增强结构设计 [J]. Laser & Optoelectronics Progress, 2023, 60(5): 0530004.

[142] PITARKE J, SILKIN V, CHULKOV E, et al. Theory of surface plasmons and surface – plasmon polaritons [J]. Reports on progress in physics, 2006, 70 (1): 1.

[143] RIVAS J G, ZHANG Y, BERRIER A. Fundamental aspects of surface plasmon polaritons at terahertz frequencies [M]. Handbook of terahertz technology for imaging, sensing and communications. Elsevier. 2013: 62 – 90.

[144] WILLIAMS C R, ANDREWS S R, MAIER S, et al. Highly confined guiding of terahertz surface plasmon polaritons on structured metal surfaces [J]. Nature Photonics, 2008, 2(3): 175 – 9.

[145] JOYCE H J, BOLAND J L, DAVIES C L, et al. A review of the electrical properties of semiconductor nanowires: insights gained from terahertz conductivity spectroscopy [J]. Semiconductor Science and Technology, 2016, 31(10): 103003.

[146] CAO H, NAHATA A. Resonantly enhanced transmission of terahertz radiation through a periodic array of subwavelength apertures [J]. Optics express,

2004, 12(6): 1004 – 10.

[147] DU Q, ZENG Y, HUANG G, et al. Elastic metamaterial – based seismic shield for both Lamb and surface waves [J]. AIP Advances, 2017, 7(7): 075015.

[148] QIANG L Y, ZHONGRU R, HONGCHENG Y, et al. Dispersion Theory of Surface Plasmon Polaritons on Bilayer Graphene Metasurfaces [J]. Nanomaterials, 2022, 12(11): 1804.

[149] SHEN L, CHEN X, YANG T J. Terahertz surface plasmon polaritons on periodically corrugated metal surfaces [J]. Optics Express, 2008, 16(5): 3326 – 33.

[150] TANG H, MENABDE S G, ANWAR T, et al. Photo – modulated optical and electrical properties of graphene [J]. Nanophotonics, 2022, 11(5): 917 – 40.

[151] BING H X, QIN S X, GUO Z Y, et al. Terahertz Vibrational Fingerprints Detection of Molecules with Particularly Designed Graphene Biosensors [J]. Nanomaterials, 2022, 12(19): 3422.

[152] YONG Z D, ZHANG S, GONG C S, et al. Narrow band perfect absorber for maximum localized magnetic and electric field enhancement and sensing applications [J]. Scientific reports, 2016, 6(1): 24063.

[153] SHERRY L J, CHANG S H, SCHATZ G C, et al. Localized surface plasmon resonance spectroscopy of single silver nanocubes [J]. Nano letters, 2005, 5(10): 2034 – 8.

[154] CHARBONNEAU R, LAHOUD N, MATTIUSSI G, et al. Demonstration of integrated optics elements based on long – ranging surface plasmon polaritons [J]. Optics Express, 2005, 13(3): 977 – 84.

[155] LEE B, KIM S, KIM H, et al. The use of plasmonics in light beaming and focusing [J]. Progress in Quantum Electronics, 2010, 34(2): 47 – 87.

[156] XU Y, QIU P, MAO J, et al. Dual – band narrow – band absorber with perfect absorption peaks in mid – infrared and near – infrared based on surface plasmon resonance [J]. Diamond and Related Materials, 2023, 132: 109624.

[157] XU H, HU L, LU Y, et al. Dual – band metamaterial absorbers in the visible and near – infrared regions [J]. The Journal of Physical Chemistry C, 2019, 123(15): 10028 – 33.

[158] 武京治, 冀宝庆, 王艳红, 等. 一种太赫兹与近红外双波段电磁场局域增强的微纳结构. CN115267954A [P/OL].

［159］ WANG Y, LI C, JI B, et al. High – efficiency trapping of nanoparticles based on SERS embedded microcavity ［J］. Optik, 2023, 282: 170848.

［160］ VOGLER E A. Structure and reactivity of water at biomaterial surfaces ［J］. Advances in colloid and interface science, 1998, 74(1 –3): 69 –117.

［161］ CHENG Y, DENG H. Analysis of trapping force of beak – shaped optical tweezers with annular core fibers for particles ［J］. Acta Optica Sinica, 2021, 41(18): 1808001.

［162］ JI A, RAZIMAN T, BUTET J, et al. Optical forces and torques on realistic plasmonic nanostructures: a surface integral approach ［J］. Optics Letters, 2014, 39(16): 4699 –702.

［163］ LADANYI B M, SKAF M S. Computer simulation of hydrogen –bonding liquids ［J］. Annual Review of Physical Chemistry, 1993, 44(1): 335 –68.

［164］ RUSSO D, HURA G, HEAD GORDON T. Hydration dynamics near a model protein surface ［J］. Biophysical journal, 2004, 86(3): 1852 –62.

［165］ YADA H, NAGAI M, TANAKA K. Origin of the fast relaxation component of water and heavy water revealed by terahertz time – domain attenuated total reflection spectroscopy ［J］. Chemical Physics Letters, 2008, 464(4 –6): 166 – 70.

［166］ KRISTENSEN T T, WITHAYACHUMNANKUL W, JEPSEN P U, et al. Modeling terahertz heating effects on water ［J］. Optics Express, 2010, 18 (5): 4727 –39.

［167］ PAL S K, ZEWAIL A H. Dynamics of water in biological recognition ［J］. Chemical Reviews, 2004, 104(4): 2099 –124.

［168］ CONTEDUCA D, DELL' OLIO F, KRAUSS T F, et al. Photonic and plasmonic nanotweezing of nano – and microscale particles ［J］. Applied Spectroscopy, 2017, 71(3): 367 –90.

［169］ WHEATON S, GELFAND R M, GORDON R. Probing the Raman – active acoustic vibrations of nanoparticles with extraordinary spectral resolution ［J］. Nature Photonics, 2015, 9(1): 68 –72.

［170］ SHOJI T, TSUBOI Y. Plasmonic optical tweezers toward molecular manipulation: tailoring plasmonic nanostructure, light source, and resonant trapping ［J］. The journal of physical chemistry letters, 2014, 5(17): 2957 –67.

［171］ BOSANAC L, AABO T, BENDIX P M, et al. Efficient optical trapping and visualization of silver nanoparticles ［J］. Nano letters, 2008, 8(5): 1486 –

91.

［172］MARAGO O M, JONES P H, GUCCIARDI P G, et al. Optical trapping and manipulation of nanostructures ［J］. Nature nanotechnology, 2013, 8(11): 807 – 19.

［173］SANG Y E, HUN L S, GEON L, et al. Nanoscale terahertz monitoring on multiphase dynamic assembly of nanoparticles under aqueous environment ［J］. Advanced Science, 2021, 8(11): 2004826.

［174］WANG Y, JI B, WU J, et al. Nanoscale acoustic waves detection enhanced by edge plasmon mode resonance in nanoapertures ［J］. Journal of Optics, 2022, 24(9): 095001.

［175］WANG Y, WU J, MORADI S, et al. Generating and Detecting High – Frequency Liquid – Based Sound Resonances with Nanoplasmonics ［J］. Nano Letters, 2019, 19(10): 7050 – 3.

［176］DU S, YOSHIDA K, ZHANG Y, et al. Terahertz dynamics of electron – vibron coupling in single molecules with tunable electrostatic potential ［J］. Nature Photonics, 2018, 12(10): 608 – 12.

［177］HANCONG W, ZHIPENG L. Advances in surface – enhanced optical forces and optical manipulations ［J］. ACTA PHYSICA SINICA, 2019, 68(14).

［178］张能辉, 陈建中. 双链 DNA 生物层的弹性性质 ［D］. 第十五届全国复合材料学术会议论文集. 哈尔滨: 2008.

［179］刘小靖, 王记增. 半柔性管状聚合物的微结构化蠕虫链模型(英文) ［J］. 兰州大学学报(自然科学版), 2017, 53(02): 253 – 8.

［180］王艳红, 武京治, 冀宝庆, 等. 一种激励生物单分子太赫兹谐振的探测方法. CN113075168A ［P/OL］.

［181］GONG Y, ZHANG Z, LI K, et al. Review on polarimetric terahertz spectroscopy ［J］. Microwave and Optical Technology Letters, 2021, 63(6): 1605 – 11.

［182］YIN M, TANG S, TONG M. The application of terahertz spectroscopy to liquid petrochemicals detection: A review ［J］. Applied Spectroscopy Reviews, 2016, 51(5): 379 – 96.

［183］王艳红, 武京治, 冀宝庆, 等. 一种神经元定向生长和神经太赫兹信号激励集成芯片, CN112877213A ［P/OL］.

［184］PENG Y, YUAN X, ZOU X, et al. Terahertz identification and quantification of neurotransmitter and neurotrophy mixture ［J］. Biomedical optics express,

2016, 7(11): 4472 – 9.

[185] ESSER A, FORBERT H, SEBASTIANI F, et al. Hydrophilic solvation dominates the terahertz fingerprint of amino acids in water [J]. The Journal of Physical Chemistry B, 2018, 122(4): 1453 – 9.

[186] LASH L H, JONES D P. Distribution of oxidized and reduced forms of glutathione and cysteine in rat plasma [J]. Archives of biochemistry and biophysics, 1985, 240(2): 583 – 92.

[187] CHEN T, LI Z, MO W. Identification of biomolecules by terahertz spectroscopy and fuzzy pattern recognition [J]. Spectrochimica Acta Part A: Molecular and Biomolecular Spectroscopy, 2013, 106: 48 – 53.

[188] WANG Z, PENG Y, SHI C, et al. Qualitative and quantitative recognition of chiral drugs based on terahertz spectroscopy [J]. Analyst, 2021, 146(12): 3888 – 98.

[189] BAWUAH P, ZEITLER J A. Advances in terahertz time – domain spectroscopy of pharmaceutical solids: A review [J]. TrAC Trends in Analytical Chemistry, 2021, 139: 116272.

[190] BURFORD N M, EL SHENAWEE M O. Review of terahertz photoconductive antenna technology [J]. Optical Engineering, 2017, 56(1): 010901.

[191] MARKL D, WANG P, RIDGWAY C, et al. Characterization of the pore structure of functionalized calcium carbonate tablets by terahertz time – domain spectroscopy and X – ray computed microtomography [J]. Journal of pharmaceutical sciences, 2017, 106(6): 1586 – 95.

[192] WANG Y, WU J. Radiative heat transfer between nanoparticles enhanced by intermediate particle [J]. AIP Advances, 2016, 6(2): 025104.

[193] JINGZHI W, SICHENG Z, BAOQING J, et al. Porosity measurement of tablets based on continuous terahertz wave [J]. Spectroscopy and Spectral Analysis, 2023.